BIBLIOTHÈQUE DES ACTUALITÉS INDUSTRIELLES. — N° 99

Georges FRANCHE

INGÉNIEUR-MÉCANICIEN

A & M. — E. C. P.

Manuel de
L'Ouvrier
Mécanicien

SIXIÈME PARTIE

Machines à Vapeur

PARIS

Librairie Bernard TIGNOL

PUBLICATIONS DE LA

LIBRAIRIE de l'ÉCOLE CENTRALE des ARTS et MANUFACTURES

53 bis, quai des Grands-Augustins

MANUEL

DE

L'OUVRIER MÉCANICIEN

VI

MACHINES A VAPEUR

BIBLIOTHÈQUE DES ACTUALITÉS INDUSTRIELLES N° 99

MANUEL
DE
L'OUVRIER MÉCANICIEN

SIXIÈME PARTIE

MACHINES A VAPEUR

PAR

Georges FRANCHE

(A. et M.) Ingénieur-Mécanicien. (E. C. P.)
Agent technique de l'Office national
de la Propriété Industrielle.

FIGURES 574 A 700

PARIS
LIBRAIRIE BERNARD TIGNOL
PUBLICATIONS DE LA
Librairie de l'École Centrale des Arts et Manufactures
53 *bis*, QUAI DES GRANDS-AUGUSTINS, 53 *bis*

MACHINES A VAPEUR

CHAPITRE PREMIER

PRINCIPES PHYSIQUES

Afin de nous conformer au programme général que nous nous sommes tracé pour cet ouvrage, nous éviterons, dans la limite du possible, d'inutiles considérations scientifiques et nous limiterons nos études à ce qu'il est indispensable seulement de faire connaître, pratiquement, du rôle joué par les forces dites naturelles dans le fonctionnement des **Machines à vapeur**.

Dans ces pages, par conséquent, le caractère spécial et théorique de la force dénommée *chaleur*, ne doit pas nous intéresser ; nous aurons simplement à examiner, en ce volume, les résultats produits par son application au cas bien défini qui nous occupe.

De même que toute autre énergie dont nous disposons en quantité presque illimitée, la chaleur ne peut s'estimer sans le concours d'une unité de mesure, permettant de comparer les effets obtenus en pratique ; mais comme, cependant, la chaleur ne peut pas être mesurée par des procédés mécaniques et tels, par exemple, que ceux usités pour les poids ou les volumes, il faut que nous ayons recours à ses effets eux-mêmes et dans ce but on a choisi, pour *unité de cha-*

leur, la quantité susceptible d'élever la température de 1 litre d'eau de 1 degré ; cette unité a reçu le nom de *calorie*.

Un fait universellement reconnu et établi aujourd'hui, c'est que les diverses forces physiques peuvent se transformer l'une en l'autre ; ainsi la chaleur peut être obtenue de l'électricité ou, réciproquement, l'électricité de la chaleur ; mais ce dont nous devons ici nous préoccuper, c'est de la transformation de la chaleur en travail mécanique.

Nous savons tous que le travail mécanique est entièrement transformé en chaleur ; telle est la simple action de frotter nos mains, par laquelle nous les réchauffons ; nous n'ignorons pas que nous pouvons encore échauffer un métal par martelage et, d'autre part, que l'on fond de la glace en en frottant deux morceaux l'un contre l'autre. Si donc la glace est fondue par ce moyen et si l'on constate que l'eau n'est pas, thermométriquement, plus chaude que ne l'était la glace au point limite de fusion, c'est que le phénomène a eu lieu absolument dans les mêmes conditions que si la glace était fondue par une application directe de la chaleur ; il est certain, par conséquent, que de la chaleur a été absorbée par la glace et a déployé sa force répulsive, à séparer des molécules qui jouissaient primitivement d'une cohésion appréciable et a rendu, de la sorte, la masse liquide.

Supposons qu'aussitôt que cette glace est fondue, on continue à appliquer de la chaleur à l'eau de fusion qui en résulte ; la température observée s'élèvera progressivement jusqu'à un point dépendant de la pression extérieure (100 degrés à la pression atmosphérique, ainsi que nous l'avons vu dans le volume *Chaudières*), et tout nouveau surcroît de chaleur se convertira en *vapeur*, mais sans autre nouvelle action sur le thermomètre. Or inversement cette chaleur peut être récupérée et devenir sensible en condensant la vapeur, de même que celle absorbée par la glace, pendant sa liquéfaction, peut être regagnée en congelant la glace.

Pendant la fonte de la glace, autant de chaleur est communiquée que si on élevait un égal poids d'eau à 62 degrés environ; la chaleur absorbée par transformation de l'eau en vapeur est 967 fois autant que si on élevait le même poids d'eau de 1 degré.

Lorsque, primitivement, on a observé cette apparente disparition de chaleur, que l'on considérait comme mystérieuse par elle-même, on lui a donné le nom de *chaleur latente* et l'on disait que la chaleur latente de l'eau était de 62 degrés et celle de la vapeur de 967. D'après les idées actuelles, la chaleur dépensée pour la fonte ou l'évaporation est, en réalité, employée à répartir l'énergie entre les atomes, par une action équivalente à soulever un poids. La science qui traite ces questions est la *thermodynamique*.

En 1842, le docteur Mayer (d'Heilbronn, Allemagne) a calculé l'équivalent mécanique de la chaleur par des données basées sur diverses expériences, entre autres celle de l'expansion de l'air en pression; il a établi que l'unité de chaleur est équivalente à 428 kgm. de travail mécanique. A la même époque, le docteur Joule, de Manchester, détermina, dans une sorte de synthèse, la chaleur obtenue d'une quantité déterminée de travail mécanique; ses expériences, d'un caractère délicat, durèrent six ans. Pour leur conclusion, il arriva à 426 kgm. comme équivalent mécanique de la chaleur et corrobora de cette manière pratique l'exactitude des chiffres de Mayer.

Les travaux de celui-ci, qui avait émis une théorie, reçurent des expériences de Joule le cachet d'une précision prouvée et ainsi ces deux hommes, cherchant la solution d'une question par deux côtés différents, arrivèrent à la fois à un résultat commun. Les détails de ces expériences et de ces calculs sont excessivement intéressants, mais ils sont trop étendus pour trouver place ici.

Les noms des autres savants qu'il convient d'associer à la solution de ces questions de principe sont Sadi-Carnot, Clapeyron, Calding, Edlund et Hirn.

Dans le volume *Mécanique générale*, le chiffre 425 kgm. a été indiqué comme équivalent, admis aujourd'hui, de l'unité de chaleur.

Connaissant donc le chiffre extrême que puisse développer l'unité de chaleur, nous nous en servirons pour estimer la puissance des machines de la façon suivante : si nous convertissons 1 centimètre cube d'eau en vapeur, à la pression atmosphérique, nous obtenons 1669 centimètres cubes comme volume de cette vapeur; c'est-à-dire que, si nous supposons que 1 centimètre cube d'eau soit au fond d'un long tube vertical ayant 1 centimètre carré de section, ouvert à l'atmosphère par son extrémité supérieure, et que nous chauffions cette eau jusqu'à ce qu'elle soit vaporisée, elle repoussera en quelque sorte la pression qu'elle subit, d'un bout à l'autre, jusqu'à une hauteur de 16 m. 69. C'est là le travail qu'elle produit théoriquement, mais nous avons vu (*Mécanique générale*) qu'on ne peut utiliser que 24 pour 100 environ de la chaleur fournie.

Au lieu d'avoir un tube librement ouvert en haut, disposons (fig. 574) un vase cylindrique c et supposons qu'il soit ajusté à un piston p, agencé pour attirer à lui l'air et la vapeur détendue et que celui-ci soit capable en outre de mouvement de bas en haut sans frottement; admettons enfin que ce piston s'appuie sur une couche d'eau e existant au fond du récipient c; il y aura nécessairement du frottement dans la réalité, mais nous le négligeons ici pour les besoins de la démonstration. La pression sur la surface de l'eau sera, dans ces circonstances : la pression atmosphérique et le poids du piston p.

Enfin, pour fixer les idées, admettons que la surface de ce piston soit de 26 centimètres carrés (environ 0 m. 180 de diamètre) et son poids 3 kil. 63; alors la pression totale sur le piston, l'atmosphère comptant pour 1 kil. 033 par centimètre carré, sera 30 kil. 49.

Si, à ce moment, de la chaleur est appliquée sur le fond du vase c pour engendrer la vapeur, cela soulèvera le piston p, à l'encontre de la pression atmosphérique, aussitôt que celle de la vapeur du bas la surmontera légèrement, y compris le poids du piston; c'est ainsi que le piston peut être levé vers le haut du cylindre c. La source de chaleur étant alors éloignée, le cylindre étant même refroidi par un courant d'eau froide circulant, par exemple dans l'enveloppe a qui l'entoure, nous provoquerons la condensation de la vapeur dans le cylindre et le piston p sera attiré vers le bas par son propre poids et par la pression atmosphérique qui pèse sur sa surface.

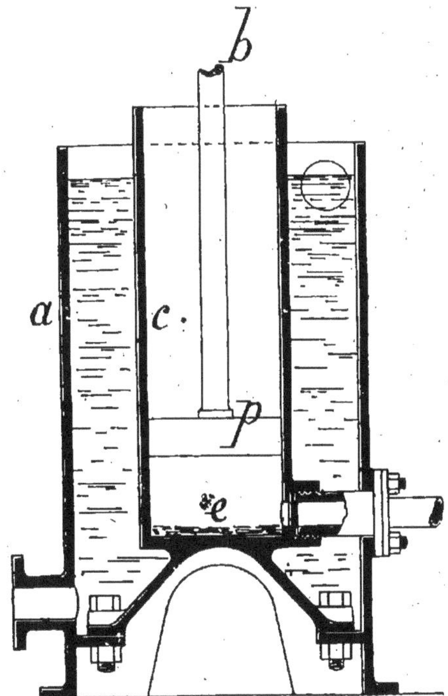

Fig. 574.

Dans ces conditions, imaginons maintenant qu'une tige b

réunisse le piston avec un levier ; celui-ci pourra lever un poids suspendu à son autre extrémité et produire, de la sorte, du travail ; c'est ce travail qui constitue la traduction visible de la chaleur que l'on a, en premier lieu, fournie à l'eau *e*.

Cette description est une image rudimentaire de la forme primitive du piston employé dans les très anciennes machines à vapeur ; mais cette image suffit néanmoins ici à montrer comment du travail mécanique peut être obtenu de la chaleur et appliqué, par conséquent, à quelque ouvrage courant.

Si l'on suppose, enfin, que l'on trace une division au niveau de rencontre de l'eau et du piston, puis qu'à cette hauteur, on perce un trou, on s'aperçoit que de la vapeur pourrait, par cette ouverture, passer directement dans le cylindre et actionner le piston ; cela nous donne donc l'idée d'engendrer la vapeur dans un vase indépendant du cylindre, c'est-à-dire dans une **Chaudière à vapeur**. Enfin, nous pourrions imaginer également un récipient maintenu froid et dans lequel, au moyen d'un robinet que l'on tournerait à propos, la vapeur pourrait s'échapper en sortant du cylindre, se condenser et former, par cette dernière action, le *vide* : c'est là le principe du **Condenseur**.

Jusqu'à présent nous avons raisonné pour un seul côté du piston ; mais rien ne nous empêche d'appliquer ces dispositions aux deux bouts du cylindre et alors nous aboutissons à l'engin théorique qui fonctionne absolument dans les conditions des **Machines à vapeur** modernes les plus répandues.

Leur manière d'utiliser la pression de la vapeur peut être expliquée à l'aide de la figure 575 ; il doit cependant être compris que ce dessin ne représente nullement une machine à vapeur, et qu'il est simplement destiné à montrer la théorie rudimentaire de son fonctionnement. *c* est un cy-

lindre, ajusté avec le moins de frottement possible, avec un
piston p sur lequel est fixée une tige t, assujettie elle-même
à passer, étanche et, théoriquement, sans frottement, à travers le couvercle du cylindre c.

La vapeur est formée dans une chaudière g, tandis que,
d'autre part, un vase a est maintenu froid par immersion
dans un réservoir plein d'eau b, dans lequel se condense la

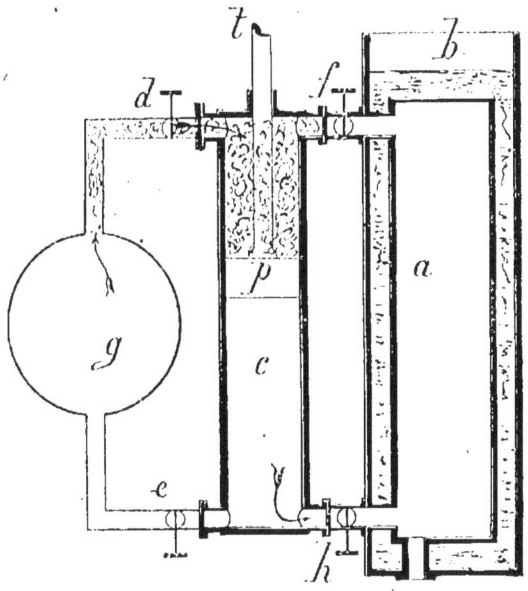

Fig. 575.

vapeur qui sort du cylindre. Deux passages d et e, sur lesquels sont disposés des robinets, mènent la vapeur de la
chaudière g vers le cylindre c et deux autres, f et h, munis
aussi de robinets, conduisent la vapeur, après son travail
sur le piston, du cylindre c au condenseur a.

La vapeur étant engendrée en g aussi vite qu'elle est

employée, une pression constante est ainsi établie dans ce vase c. Le rôle de la vapeur du cylindre est celui-ci : tant que la machine travaille, il y a une pression exercée par cette vapeur sur un côté du piston tandis que le vide existe de l'autre côté, car les faces de contact alternent à cet effet.

Ouvrons donc les valves d et h et nous obtenons : vapeur au-dessus avec vide au-dessous de notre piston qui, dès lors, descendra avec une force proportionnelle à la pression de la vapeur ; mais aussitôt que l'on ferme ces robinets pour ouvrir, au contraire e et f, la vapeur, dont le volume occupe le dessus du piston, pénètre en a et est condensée, laissant un vide derrière son passage, pendant que la vapeur nouvelle, traversant la valve e, pousse le piston vers le haut du cylindre c.

Cela peut se répéter indéfiniment, et l'on recueille le travail, produit par la vapeur, sur la tige t qui le transmet à un mécanisme convenablement approprié pour son utilisation. Ce n'est pas le lieu de traiter ces mécanismes avec détails, car les modes de transmission seront décrits en divers autres chapitres et nous renvoyons principalement le lecteur aux éléments de la *Mécanique générale* qui leur sont relatifs.

Nous parlerons néanmoins, pour le moment, de la condensation de la vapeur qui, pratiquement, se fait : ou bien par *contact* avec des surfaces métalliques froides ou encore par *absorption* avec un jet d'eau ; dans le cas où la vapeur s'écoule dans un vase entouré d'eau froide (ou même seulement d'air froid), sa chaleur se dirige, à travers le métal, vers un milieu plus froid, qu'elle tend naturellement à échauffer par équilibre de température, tandis que la vapeur est ramenée à l'état liquide.

De même si de la vapeur est lancée à travers un remous d'eau, elle est absorbée par cette eau et un mélange d'eau chaude tombe au fond du condenseur.

Dans les deux cas, l'accumulation d'un trop grand volume d'eau condensée est empêchée par des pompes qui la puisent aussi vite qu'elle se forme, y compris tout l'air qui était dissous dans l'eau; car il faut savoir qu'ordinairement il y a toujours de l'air dans l'eau, laquelle, avec plus ou moins d'affinité, absorbe les gaz de toute espèce pour les dégager quand elle est chauffée.

On n'obtient jamais, avec les pompes, un vide parfait au condenseur, mais si la pression y est réduite à 0 kil. 15 par centimètre carré, c'est un résultat que l'on peut considérer comme satisfaisant.

Il ne faut pas croire, toutefois, que le condenseur soit indispensable au fonctionnement de la machine à vapeur, car tel n'est pas toujours le cas cité plus haut; si nous pouvons, en effet, obtenir une plus forte pression sur un côté du piston que sur l'autre, le piston se mouvra néanmoins et le travail obtenu sera proportionnel à la différence des pressions au-dessus et au-dessous de lui.

Supposons, pour cela, le condenseur a retiré, tandis que les valves f et h sont ouvertes à l'air libre; si la pression de la vapeur dans la chaudière g est supérieure à la pression atmosphérique de 1 kil. 033 par centimètre carré, le piston sera poussé de bas en haut malgré la pression atmosphérique, avec une production de travail s'ajoutant à celui que l'on a vaincu.

Quand les pressions sont estimées en atmosphères, elles comptent toujours, de convention, à partir du vide zéro; lorsque, par exemple, une chaudière naturellement soumise à l'extérieur à la pression atmosphérique a ses soupapes chargées à *5 atmosphères*, cela ne fait que *4 atmosphères* à partir de la pression atmosphérique.

Donc la *pression absolue* se compte à partir de zéro (le vide absolu), alors que la *pression effective*, la seule dont il y ait à tenir compte lorsqu'il n'y a pas de condenseur, est la pression *en sus* de la pression atmosphérique.

Chez nos voisins d'Angleterre, la confusion n'est pas possible, car on a l'habitude d'y compter que 1 atmosphère correspond à 14,7 livres par pouce carré (la livre anglaise = 0 kil. 453, le pouce carré = 6 cmq. 45); on exprime la pression, en ce cas, par la charge des soupapes de sûreté.

Quand, au contraire, on parle de 1 kil. par centimètre carré, cela veut dire que la pression *effective* est de 10.334 kil. par mètre carré, c'est-à-dire une atmosphère effective à partir de 1 absolu; souvent on exprime encore les pressions en colonne d'eau; ainsi une pression de 10 mètres d'eau fait 1 kil. par centimètre carré; 50 mètres d'eau, c'est 5 kil. par centimètre carré.

Pour insister par un exemple, si la pression à la chaudière est de 4 kil. par centimètre carré, c'est-à-dire au-dessus de l'atmosphère, il y aurait toute cette pression pour produire du travail; mais cependant, avec le condenseur, nous aurions un avantage d'environ 0 kil. 85 par centimètre carré en plus de celle ci-dessus.

On emploie les machines à haute pression sans condenseur là où de grands approvisionnements d'eau pour le refroidissement ne sont pas disponibles, comme, par exemple, dans le cas des locomotives, des locomobiles et autres machines qui sont transportées de place en place, telles que les grues et autres dispositifs où elles ne sont nécessaires que pour des périodes déterminées.

Les manomètres adaptés aux chaudières sont, extérieurement, soumis à l'effet de la pression atmosphérique et par conséquent font connaître la pression de la vapeur au-dessus de l'atmosphère; la pression absolue dans la chaudière est donc celle indiquée par le manomètre plus cette pression atmosphérique qui, pour tous les usages courants, est fixée à 1 kil. 033 par centimètre carré; si, par exemple, la pression indiquée au manomètre est 5 kil. 65, la pression absolue est 6 kil. 68.

Une petite comparaison va nous montrer que, si nous supposons que la vapeur entre dans le cylindre avec sa pleine pression pendant toute la course du piston, puis qu'on la condense après cette course, il y a perte considérable d'énergie, alors que la vapeur, étant admise à pleine pression pendant une partie seulement de la course, puis étranglée, la course peut être complétée par l'expansion simple ou, autrement dit, **la détente** de la vapeur déjà contenue dans le cylindre.

Comme, en effet, la vapeur s'épand, sa pression tombe selon une certaine règle, mais de façon à ce que *cette pression soit inversement proportionnelle au volume*; par conséquent, si un cylindre est à moitié rempli par de la vapeur à 7 kil. par centimètre carré, quand la vapeur sera détendue de manière à remplir toute la capacité du cylindre, la pression ne sera plus que de 3 kil. 5 par centimètre carré et tout le travail produit durant la dernière moitié de la course n'a pas exigé davantage de vapeur à la chaudière; on constate donc de suite ici une économie sensible de vapeur et, en fin de compte, de combustible.

Afin de donner une idée de ce que l'on gagne par l'usage de la vapeur avec expansion, nous supposerons que la vapeur est fournie à un cylindre de 0 m. 406 de diamètre (qui offre un piston d'une surface de 0 m² 1295) avec une course de 0 m. 760 ; la pression de la vapeur à l'entrée du cylindre, que l'on appelle *Pression initiale*, est prise à 5 kil. 62 absolus et la dépense est interceptée au cinquième de la course.

Le travail fourni par la vapeur avant l'interception serait (*Mécanique générale*, page 94) :

$$(0 \text{ m}^2\ 1295 \times 5 \text{ kil. } 62) \times 0{,}152 = 1110 \text{ kgm.}$$

Les nombres entre parenthèses représentant l'effort, et le dernier chiffre le déplacement.

Quant à trouver le total du travail fourni pendant la course entière, la pression moyenne doit être, tout d'abord, mieux précisée.

Supposons, pour cela, que la longueur de la course soit divisée en 10 parties égales ; la fermeture est, nous l'avons dit, à 2/10 de course, de sorte que les pressions à chaque dixième sont :

$$
\begin{aligned}
&\text{Au commencement de la course} \quad \dots\dots \quad && 5\text{k}62 \\
&\text{Au 1}^{\text{er}} \text{ dixième de la course.} \quad \dots\dots\dots && 5\ 62 \\
&\text{Au 2}^{\text{e}} \quad\qquad\text{—} \qquad\dots\ \ \dots\ \ \dots && 5.62 \\
&\text{Au 3}^{\text{e}} \quad\qquad\text{—} \qquad \tfrac{2}{3}\times 5.62 = \dots && 3.74 \\
&\text{Au 4}^{\text{e}} \quad\qquad\text{—} \qquad \tfrac{2}{4}\times 5.62 = \dots && 2.80 \\
&\text{Au 5}^{\text{e}} \quad\qquad\text{—} \qquad \tfrac{2}{5}\times 5.62 = \dots && 2.24 \\
&\text{Au 6}^{\text{e}} \quad\qquad\text{—} \qquad \tfrac{2}{6}\times 5.62 = \dots && 1\ 86 \\
&\text{Au 7}^{\text{e}} \quad\qquad\text{—} \qquad \tfrac{2}{7}\times 5.62 = \dots && 1.61 \\
&\text{Au 8}^{\text{e}} \quad\qquad\text{—} \qquad \tfrac{2}{8}\times 5.62 = \dots && 1\ 40 \\
&\text{Au 9}^{\text{e}} \quad\qquad\text{—} \qquad \tfrac{2}{9}\times 5.62 = \dots && 1.24 \\
&\text{Au 10}^{\text{e}} \quad\quad\text{—} \qquad \tfrac{2}{10}\times 5\ 62 = \dots && 1\ 12
\end{aligned}
$$

La pression moyenne, d'un bout à l'autre de la course, sera, en conséquence des chiffres précédents :

$$
= \frac{1}{10}\left(\frac{5.62 + 1{,}12}{2}\right) + 5{,}62 + 5{,}62 + \dots\dots
$$
$$
\dots\dots + 1{,}40 + 1{,}24 = 2\ \text{kil. } 94,
$$

dont on déduit le travail, pour la course tout entière, y compris l'introduction :

$$
(0{,}1295 \times 2{,}94) \times 0.760 = 2920\ \text{kgm.}
$$

Il en résulte, en résumé, que le travail produit par la détente est la différence de :

$$2920 - 1110 = 1810 \text{ kgm.}$$

La vapeur saturée (dont nous avons donné la notion dans le volume *Chaudronnerie*), de la même façon que si elle se refroidissait par sa détente contre une résistance, dépose de l'eau, ou, autrement dit, se condense à l'intérieur du cylindre ; c'est pourquoi de nombreux ingénieurs adoptent le procédé de sécher la vapeur en la surchauffant, c'est-à-dire de surélever sa température au delà de celle qui serait normale à l'état de saturation.

Dans ces conditions, la détente peut être poussée beaucoup plus loin, et il n'y a, d'ailleurs, condensation, que lorsque la vapeur est saturée par l'eau.

Rappelons, pour terminer cet exposé général, que, par ce moyen de surchauffage de la vapeur après qu'elle a quitté la chaudière, l'eau qu'elle tient en suspension est elle-même convertie en vapeur et que, dans ce cas, toute sa chaleur latente peut fournir du travail avant qu'une précipitation quelconque d'eau commence au cylindre.

La théorie de la machine à vapeur a été, croyons-nous, suffisamment expliquée pour rendre compréhensible son application en pratique ; une description plus scientifique ne ferait probablement qu'égarer plutôt qu'aider la classe de lecteurs pour lesquels cet ouvrage est écrit et nous croyons pouvoir aborder dorénavant les chapitres suivants.

CHAPITRE II

NOTIONS GÉNÉRALES
SUR LE FONCTIONNEMENT DES MACHINES

Il nous paraît convenable, avant de décrire les diverses manières d'utiliser la vapeur pour la production de la puissance motrice, d'expliquer d'abord le fonctionnement d'un appareil simple, qui résume toute la partie théorique des moteurs qui nous intéressent : la machine à vapeur ordinaire, à mouvement alternatif, dont le schéma est représenté par la figure 576 ; nous supposerons que ce soit une section d'une machine verticale.

Description. — Le *piston p* se meut dans le *cylindre bh* de façon à ce que leurs contacts soient étanches ; à ce piston est fixée l'extrémité d'une forte *tige* cylindrique *t* dont l'autre bout est claveté sur une *tête* agencée pour fonctionner entre les *glissières g*, parallèles à l'axe du cylindre ; enfin le tout est solidement boulonné sur un *bâti* résistant.

Par ce dispositif à glissières, le mouvement de la tige est assuré d'être parfaitement rectiligne ; cette tige traverse d'ailleurs, sans perte de vapeur, un *presse-étoupes* venu de fonte dans le couvercle du cylindre et, à son extrémité opposée *t*, elle est ajustée avec une *bielle a* dont l'autre tête est retenue sur le *bouton* d'une *manivelle m*.

Ce bouton est, lui-même, convenablement assujetti sur le corps de la manivelle, et tourne entre des *coussinets* disposés à l'extrémité *d* de la manivelle *m*. La manivelle est, d'autre part, calée inébranlablement sur l'*arbre principal* du moteur et celui-ci tourne entre des coussinets fortement retenus sur le bâti de la machine; de cet arbre, l'énergie est ensuite transmise de différentes façons à tout autre appareil ayant pour but de produire un travail mécanique déterminé.

Il faut, de plus, signaler une opération qui est faite par la machine elle-même et qui la rend *automatique;* dans ce but, en effet, elle est munie de *valves* qui régularisent l'*admission* et l'*échappement* de la vapeur pour la marche du piston dans le cylindre et qui sont agencées de telle façon que le fluide agit sans possibilité de fonctionner à rebours par cas fortuit.

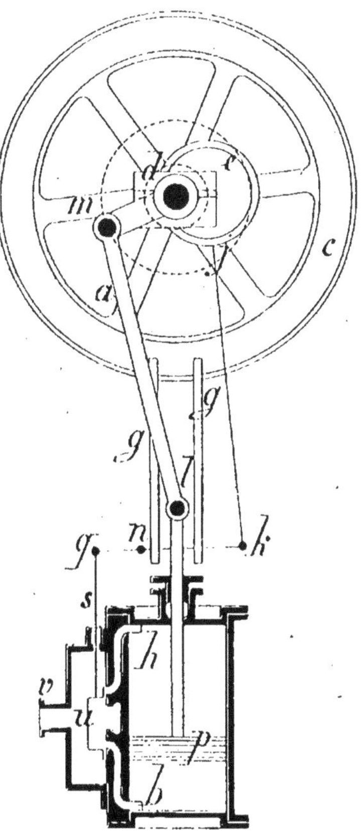

Fig. 576.

Dans les usines, les valves mécaniques (*tiroirs* ou *sou-*

papes) sont combinées pour que la rotation n'ait lieu que dans un seul sens ; mais, pour les locomotives, les bateaux et autres engins, où la direction du mouvement doit nécessairement changer de temps en temps, un appareil de *renversement* est adjoint (que nous décrirons dans un chapitre suivant) ; pour le moment nous nous contenterons de parler seulement de l'*excentrique* simple.

Rôle de l'excentrique. — Les valves de vapeur sont, le plus ordinairement, mues par un excentrique fixé sur l'arbre principal de la machine ; il est représenté en *e* sur le dessin d'ensemble (fig. 576) et, séparément, par la figure 577 ; un excentrique est un

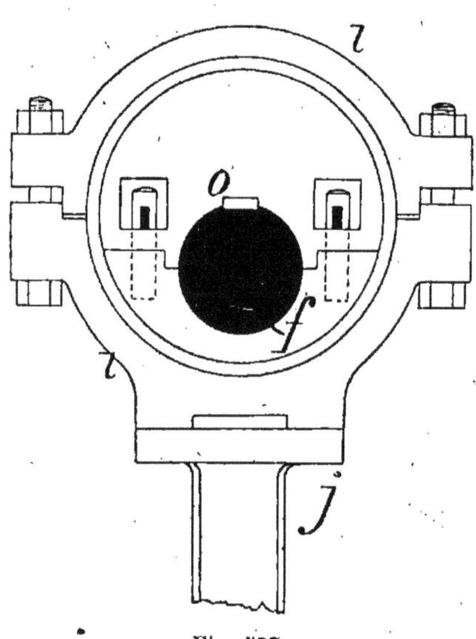

Fig. 577.

disque circulaire (*Mécanique générale*), calé à faux centre, sur l'arbre *f*, son centre étant en *o ;* nous avons vu que ce disque constitue, en réalité, une manivelle ayant un diamètre de parcours aussi grand que le double de la distance entre ces centres, soit un *coude* allant depuis le centre de l'arbre jusqu'en *o*.

Autour de cet excentrique est boulonnée une ceinture *i* qui s'ajuste dans une rainure pratiquée dans le flanc du disque, et à cette ceinture est fixée l'extrémité *j* de la tige *k* fig. 577). La partie *k* est reliée par une clavette par exemple ou par des boulons à l'extrémité inférieure d'un bras *kn* calé sur l'arbre de balancier *n* (fig. 576).

Sur ce tourillon est également fixé un second levier *nq* qui, tournant avec l'arbre *n*, donne le mouvement, par une tringle de liaison et une tige *s*, au tiroir *u* qui fonctionne dans un coffre à vapeur où celle-ci est introduite par une tubulure *v* ; cette boîte à tiroir est maintenue pleine de vapeur tout le temps que le moteur travaille, car le tuyau *v*

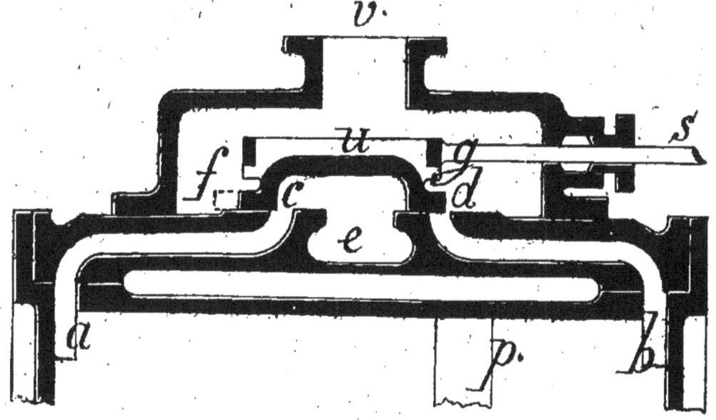

Fig. 578.

est, dans cette intention, en communication constante avec le générateur.

De ce que l'arbre principal effectue sa rotation régulière, l'excentrique est forcé de tourner avec lui à l'intérieur du *collier* qui communique le mouvement, par la tige *jk* et le levier *knq*, à la tige *is* commandant le tiroir.

Tiroir. — Pour bien faire comprendre le mode d'action du tiroir, nous l'avons dessiné en section dans la figure 578 ; la vapeur est admise dans le coffre par le tuyau *v* et une partie seulement du cylindre est indiquée avec aussi une portion *p* du piston dans une position quelconque. Dans l'épaisseur de la paroi du cylindre sont ménagés des passages *ac* et *bd* qui servent de communications entre les deux extrémités du cylindre et la boîte à tiroir ; les extrémités *cd* de ces canaux se terminent en forme de larges trous oblongs, appelés *lumières*, pratiqués sur la *glace du tiroir* extérieure au cylindre ; cette surface de glissement doit être parfaitement rodée, ainsi que la base du tiroir *u*, afin de ne pas laisser passer la vapeur sous pression ; les bords et les abouts de ce tiroir sont également parementés avec soin.

Entre les lumières *c* et *d*, en existe une plus large *e* qui mène, par un canal ménagé de même dans le métal du cylindre, à un tuyau d'*échappement*, d'où la vapeur va soit au condenseur soit au tuyau de dégagement, selon que la machine est avec ou sans condensation.

Le tiroir *u* est une sorte de boîte dont la section est une sorte de *D* ; on le voit actionné par une tige *s* dont une des extrémités peut être façonnée en forme de T qui s'engage dans une engoujure de même profil sur le dos du tiroir de façon à pouvoir faire mouvoir cet organe sur les lumières sans trop de frottement sur les coussinets-guides ; d'autres fois le tiroir est conduit par un cadre et tel est le cas de la figure ; la face interne du tiroir reçoit en effet toute la pression de la vapeur et si elle était absolument reliée à la tige, celle-ci aurait tendance à laisser fuir le fluide par le presse-étoupes ; enfin, le tiroir est assez large pour couvrir les lumières de vapeur.

Dans la position de la figure, on voit que la vapeur est interceptée juste au moment où elle s'écoulait de la boîte dans le canal *db* vers la partie droite du cylindre, tandis que la vapeur en arrière du piston tend à passer, par *a c*, vers la cavité interne du tiroir et, de là, à la lumière *e* ; si le tiroir continue sa course jusqu'en *f*, la vapeur va s'écouler ensuite du devant du piston vers l'échappement par *db*

et c'est au contraire l'autre face qui sera exposée à une
nouvelle introduction de fluide actif. En résumé, le tiroir
allant alternativement en arrière et en avant, le piston est
sollicité à se mouvoir pareillement ; mais si le tiroir atteint
la fin de sa course à l'instant précis où le piston termine la
sienne, l'arbre pourrait tourner indifféremment dans les
deux sens ; c'est en prévision de cela et afin d'assurer une
rotation dans une direction bien déterminée que l'excentrique est calé pour que le tiroir soit un peu en avant du
piston ; de la sorte, le tiroir commence à ouvrir avant que
le piston finisse entièrement sa course.

Si, par accident, la machine avait tendance à renverser
le mouvement sous l'influence des résistances, par exemple,
le tiroir l'empêcherait de revenir en arrière, en fermant la
lumière qu'il aurait pu ouvrir et réouvrirait l'autre correspondante. Cette fixation de l'excentrique est dite : donner
de *l'avance à l'admission* et le sens de la rotation de
l'arbre dépend uniquement de la direction où l'on prend
cette avance.

Dans le cas où les bords, en haut et en bas du tiroir,
coïncideraient exactement avec les lumières, il n'y aurait
pas de travail par détente de la vapeur ; pour obtenir une
expansion avec un semblable tiroir, on dispose une lèvre *g*
(fig. 578), à chaque extrémité, qui doit correspondre à la longueur voulue pour que la vapeur soit coupée plus tôt ou
plus tard dans la course. Ce prolongement du bord du
tiroir est appelé *recouvrement*.

Recherche des Moments. — Une lourde roue *c*
(fig. 576) ou *volant* est calée sur l'arbre moteur pour que
la manivelle puisse franchir facilement les *points morts*, à
chaque bout de la course du piston et, surtout, pour régulariser sa vitesse qui doit rester constante. Le mouvement
alternatif de la tige du piston est ainsi converti en un mou-

vement de rotation par le moyen bien connu (*Mécanique générale*) d'une bielle et d'une manivelle.

Expliquons donc ici la détermination des forces qui sont en jeu ; dans la figure 579, *a* est la tête de la tige du piston ; *o*, le centre sur lequel tourne la manivelle ; *b* et *c*, les points morts ; *ad* la bielle motrice ; sa position, lorsque la manivelle est sur le point mort *d*, est représentée par une ligne droite ; le cercle, qui figure le chemin parcouru par le bouton de la manivelle, est divisé en 18 parties, afin que la variation du *moment* de la force transmise à l'arbre, sur lequel est calée la manivelle, puisse être étudiée en différentes parties de la course.

Nous allons maintenant examiner les cas *1, 2, 3, 4 ;* dans le 1er cadran du cercle, fermé en *e* ou *eo*, la manivelle est à angle droit sur la ligne *ab*. La force statique, en chaque position de la bielle, est obtenue par l'application du principe du parallélogramme des forces. La longueur de la bielle étant constante, la position de la tête de la tige du piston correspondant à chacun des points *1, 2...*, est établie ainsi que nous l'avons dit dans la *Mécanique générale*. On commencera par déterminer la tension qui se fait sentir dans les directions : de l'axe de la tige, de la bielle et d'une ligne à angle droit sur les glissières, sur lesquelles se meut la tête de la crosse du piston.

Au moyen de cette décomposition des efforts, on en déduira pour chaque position (telle que celle correspondant au point *3*, pris comme exemple) les valeurs relatives des forces qui peuvent être ainsi représentées par les côtés d'un triangle rectangle constitué par la longueur, la position de la bielle *3, 3'*, la perpendiculaire abaissée de *3* sur *ab* et, dans notre cas, *3, 3''* et la partie de la ligne *ab* contenue entre le bout de la bielle et la perpendiculaire *3, 3''*.

Soit P la pression ou effort total agissant sur le piston et, par conséquent, la force qui actionne la tige dans la direc-

tion de *ab* quand la détermination de cette force est obtenue.
La pression latérale sur la crosse de la glissière sera :

$$\text{P} \times \frac{3 \; 3''}{3' \; 3'''},$$

et celle sur la bielle :

$$\text{P} \times \frac{3 \; 3'}{3' \; 3''};$$

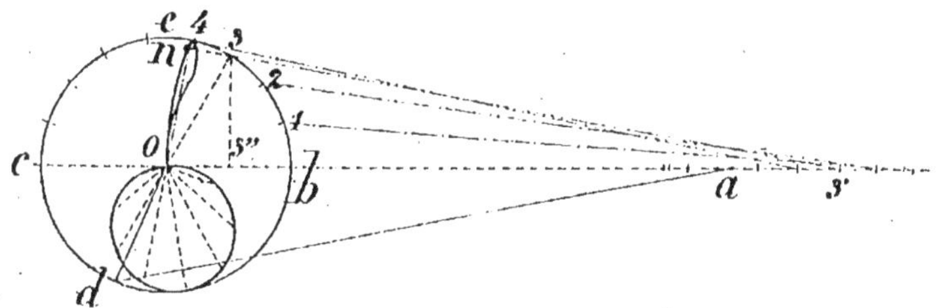

Fig. 579.

or $3\ 3'$ est constant et peut se représenter par L; alors l'effort sur la bielle deviendra :

$$\frac{\text{P} \times \text{L}}{3' \; 3''}.$$

Afin d'obtenir le moment de cette force autour du centre *o*, prolongeons $3\ 3'$ et du point *o* abaissons sur elle la perpendiculaire *o'n*; alors *on* représente la distance à laquelle la force agit et son moment autour de *o* sera :

$$\frac{\text{P} \times \text{L}}{3 \; 3''} \times on.$$

C'est de la même manière qu'on établirait le moment de l'effort pour les autres positions. Le cadran qui suit au-dessous produirait les mêmes phases, les deux autres cadrans nous étant, pour le moment, indifférents. Ayant ainsi établi une méthode de calcul du moment, il peut être intéressant de dessiner la course décrite par un point tel que *n*; supposons (fig. 579) que *ab* soit la ligne droite selon laquelle se déplace la crosse du piston; le changement de force spéciale à la position de la manivelle va d'abord être déterminé, celui sur la bielle étant admis constant. Le point, sur lequel tombe la perpendiculaire à la bielle, passe successivement par chacun de ceux de la courbe supérieure; si les longueurs de ces perpendiculaires sont portées sur des rayons à partir du centre *o*, le long de l'axe de la manivelle, et pour chaque position, nous obtenons la figure inférieure.

La force sur la bielle n'est cependant pas, ainsi que nous l'avons supposé ci-dessus, constante et c'est pourquoi chaque moment doit être multiplié par un facteur (correspondant à la position de la manivelle pour laquelle est pris le moment) pour convertir la pression totale exercée sur le piston en un effort sur la bielle.

Ces détails sont donnés pour montrer comment la pression sur le piston doit être étudiée pour correspondre à un moment uniforme de résistance sur la manivelle, et c'est le volant qui est chargé de répartir les écarts additionnels ou soustractifs entre l'énergie variable produite dans le cylindre et la résistance plus ou moins constante qui affecte la manivelle.

Remarques. — Le tiroir ordinaire (fig. 578) est seulement l'un des moyens de distribuer convenablement la vapeur dans le cylindre; il existe d'autres formes dont quelques-unes seront citées, les soupapes, entre autres, qui sont disposées pour intercepter la vapeur brusquement, par chute sur leur siège, au contraire du tiroir plan (ou parfois cylindrique) qui ne ferme que graduellement l'arrivée de vapeur; nous en parlons ici pour faire voir que le fluide peut être coupé en quelque endroit de la course qu'on le désire.

Étudions ce qui se passe dans le cylindre pendant le travail de la machine.

Si les valves ou tiroirs sont bien construits et surtout convenablement ajustés, la course commence avec la pleine *pression initiale* (absolue) de la vapeur sur une des faces du piston et la *pression d'échappement* sur l'autre, la *pression effective* étant ici la différence entre les deux; la pression initiale serait évidemment conservée tout entière jusqu'à ce que la vapeur soit coupée, après quoi elle baisse, par l'effet de la détente du fluide, durant le reste de la course.

Dans le cas où la valve d'admission serait en retard sur l'ouverture, nous avons vu que la pleine pression ne serait atteinte qu'après qu'une partie de la course aurait déjà été effectuée, de même que si les lumières et passages de vapeur ne sont pas suffisamment larges pour permettre au fluide de suivre immédiatement le piston ; et alors la pression baisserait dès le commencement ; par conséquent ces ouvertures et passages doivent être proportionnés à la plus grande vitesse avec laquelle la vapeur traverse tous ces conduits.

Méthode de Rankine. — Nous avons fait connaître une méthode arithmétique pour trouver la pression moyenne de la vapeur connaissant 1° la pression initiale absolue et 2° le rapport de l'admission à la course; elle est toutefois un peu lente, bien qu'assez concluante, aussi allons-nous exposer la *méthode de Rankine* (fig. 580) : traçons une droite *oa* et marquons-y un point *b*, tel qu'il divise en 1/5 sa longueur depuis *o* afin que $ab = 4\ ob$. Au point *b*, élevons *bc* perpendiculaire à *oa* et, avec *o* comme centre et *oa* pour rayon, décrivons l'arc de cercle *ac*, coupant la perpendiculaire en *c;* dans ces conditions, si $\dfrac{cb}{cd}$ représente le degré d'expansion :

$$\frac{\text{Pression moyenne absolue}}{\text{Pression initiale absolue}} = \frac{dc}{ab},$$

dans lequel *cd* est tracé parallèlement à *oa*.

Indicateur. — Connaissant la loi d'expansion de la vapeur, il nous est possible de calculer le travail créé dans le cylindre; mais il existe un autre moyen de constater le produit réellement obtenu, par lequel on voit plus nettement encore, s'il baisse au-dessous de ce que l'on a prévu, la cause de cette différence et le remède à apporter

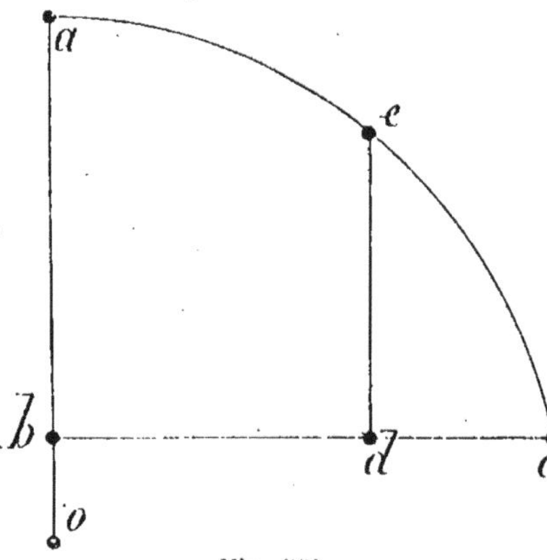

Fig. 580.

à cet état de choses après qu'on l'a recherchée.

Un instrument appelé *indicateur* sert dans ce but; il est confectionné de bien des manières convenant, en particulier, aux diverses classes de machines, mais toutefois le principe fondamental est le même. Une forme rudimentaire en est donnée par la figure 581 en section verticale : un piston solide *p* de 1 à 2 centimètres de diamètre est tourné pour entrer bien étanche dans un cylindre *c*, très exactement alésé; il est indispensable que ces deux parties soient soigneusement ajustées pour entrer à frottement doux sans être graissées et pour travailler avec le minimum de frottement. La pression atmosphérique s'exerce sur la face supérieure de ce petit piston.

Sur le piston, est adaptée une très légère tige a qui porte un crayon ou stylet s; il est possible de tourner ce crayon vers l'arrière au moyen d'un joint élastique ou de le faire toucher légèrement une bande de papier d, enroulée autour d'un tambour creux porté lui-même sur un centre fixe e et garni intérieurement d'une bobine à ressort qui peut le retenir dans une certaine position.

La base du tambour est agencée en poulie cannelée à laquelle est attachée une corde qui s'enroule une fois sur sa circonférence; les extrémités de la bande de papier sont retenues sous une lame élastique f serrée, en bas, contre la paroi du cylindre; un ressort spiral r est assujetti d'un bout au piston et, de l'autre, au couvercle du cylindre c; le cylindre se termine, à la partie inférieure, en forme de tube g muni d'un robinet et il est taraudé pour pouvoir être vissé sur la machine et mis en communication avec l'intérieur du cylindre.

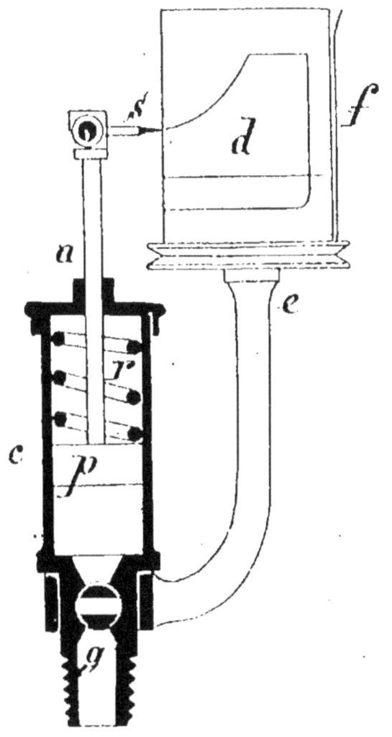

Fig. 581.

L'opération, avec l'indicateur, est la suivante : le tube g se fixe sur le couvercle et le robinet est tenu fermé; la corde est attachée, par son extrémité libre, à quelque organe en mouvement de la machine qui soit susceptible de lui fournir un mouvement uniforme analogue à celui dont est animé le piston mais seulement sur une distance d'environ 3/4 du développement de la circonférence du tambour de l'indicateur. Ainsi donc, pendant la course avant du piston, le tambour est sollicité dans un sens et, dans la course en arrière, il est rappelé par son ressort intérieur qui doit agir assez vivement pour maintenir la corde bien rigide pendant ce retour.

D'autre part, le ressort r est confectionné pour se comprimer ou se détendre sur une distance de 1 centimètre correspondant à 1, 2, 3 ... kilos par centimètre carré de la superficie du piston, afin que la levée ou la descente du crayon indique à l'échelle les variations de la pression de la vapeur. La machine étant, dès lors, en plein travail, on retire le crayon du contact du papier et on tourne un peu le robinet du tube g pour permettre quelques coups du piston de l'indicateur ; pendant cette préparation, le piston et le cylindre s'échauffent à la température moyenne de la vapeur.

On ferme, à ce moment, la communication avec le cylindre principal, en purgeant l'appareil si besoin est, et on tourne le crayon contre le papier d ; on attache la corde à l'organe de la machine choisi dans ce but, le tambour tourne et une ligne horizontale est tracée sur le papier ; c'est la *ligne atmosphérique*. Le robinet du tube g est ensuite ouvert à nouveau et en grand ; le crayon va s'élever et s'abaisser, selon la variation de la pression dans le cylindre principal et dessiner ainsi un *diagramme* sur la bande de papier d, indiquant la valeur de la pression au-dessus de l'atmosphère pendant le coup de piston, ainsi que le vide, s'il existe un condenseur, pendant son retour.

On fait cela pour 2 ou 3 révolutions et, quand on arrête, on décroche la corde et on enlève le papier d portant le diagramme.

Cette opération peut être répétée pour l'autre côté du
cylindre principal, bien que le même diagramme soit parfois donné sur chaque face du piston, ce qui, cependant, ne
serait pas le cas si le tiroir n'était pas exactement ajusté
sur sa glace ou s'il y avait des rétrécissements dans les
conduites de vapeur.

La figure 582 montre le diagramme projeté pour machine
à condensation ; aa' est la ligne atmosphérique ; au com-

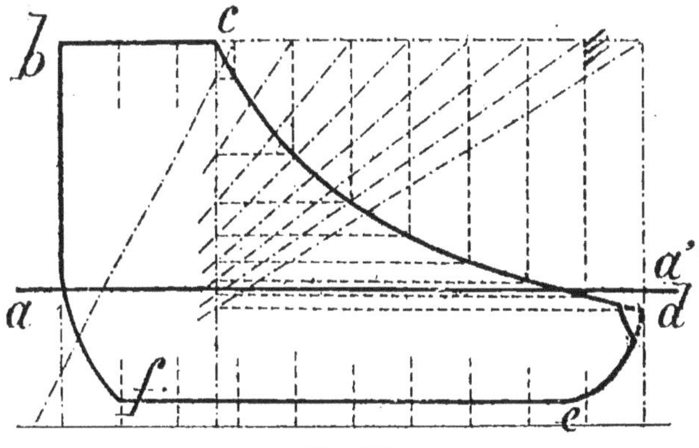

Fig. 582.

mencement de la course, le crayon s'était levé en b et s'était
maintenu à cette hauteur jusqu'au point c, moment où la
fermeture se produit ; à partir de ce point, la pression a
graduellement baissé jusqu'au bout de la course d ; puis le
piston revient à la ligne de vide en e et reste immobile depuis ce point jusqu'en f où, recommençant les évolutions
précédentes, il se lève de nouveau en a.

Nous laisserons pour le moment de côté ce qui se passe
après la fermeture de l'échappement qui arrive ici juste
avant la fin de la course et nous étudierons plus loin les
circonstances détaillées des diagrammes.

Pour trouver la pression effective moyenne par centimètre carré sur le piston, la longueur du diagramme est divisée en 10 parties égales et, par les points ainsi déterminés, on trace les lignes ponctuées à angle droit sur la ligne atmosphérique aa' qui sont arrêtées de chaque côté à la ligne de contour du diagramme. On rapporte à l'échelle les ordonnées pointillées et, à leur somme, on ajoute la moitié de la somme ou moyenne des ordonnées en a et a'; on divise ce dernier total par 10 et cela donne la pression moyenne effective par centimètre carré.

Un point extrêmement important est d'éliminer autant que possible les résistances par frottement de l'indicateur; on n'y parvient pas toujours suffisamment et, à ce point de vue, l'indicateur réduit de *Kenyon* est recommandable.

Le piston de l'indicateur ordinaire a l'inconvénient, outre le frottement, d'être exposé à l'arrivée des crasses entraînées par la vapeur, ce qui en trouble profondément le fonctionnement.

Quand la vapeur sous pression est admise à une extrémité d'un tube creux recourbé et clos à l'autre bout, elle a tendance à diminuer la courbe du tube, c'est-à-dire à le redresser et, de même que dans les manomètres, par l'étranglement de la vapeur, la longueur du tube semble diminuée; c'est sur ce principe que sont basées les indications de l'appareil Kenyon.

Le tube est fabriqué d'un métal élastique, proportionné par conséquent pour que l'altération de la forme donne, à l'extrémité libre, un mouvement en rapport avec la pression à l'intérieur du tube.

Sous l'influence du tube recourbé, le crayon est actionné dans cet indicateur dont une élévation est donnée figure 583; en m est indiquée la disposition pour la réunion au cylindre principal de la machine à vapeur que l'on désire vérifier et, en ab, est figuré le tube infléchi dont une extrémité est en communication avec l'intérieur du cylindre et l'autre obs-

truée. A cette extrémité borgne *b* est fixé un lien *bc* ratta-
ché d'autre part en *c* à un levier *de* qui oscille autour d'un
centre invariable *d*; son autre bout *e* est joint à la partie
supérieure d'une biellette *ef* qui le rend solidaire d'un petit
balancier *fg* oscillant autour du point fixe *g*. Le crayon ou
stylet est porté en *s* et trace le diagramme sur un papier
enroulé sur le tambour *p*; la position de *s* est ainsi choisie
car, bien que les points
e et *f* décrivent des arcs
circulaires, ce point in-
termédiaire *s* se meut
précisément en ligne
droite.

Ce dispositif s'appelle
un mouvement paral-
lèle, dont le principe a
été démontré en *Méca-
nique générale*.

h est une corde s'en-
roulant au bas du tam-
bour *p* sur la poulie à

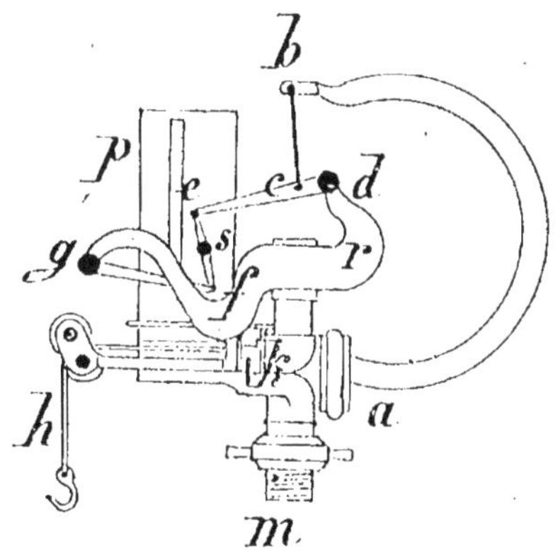

Fig. 583.

cet effet (il est à remarquer que le cylindre peut être
débrayé de la poulie par un doigt *k*); on raccorde *h* à
quelque organe en mouvement proportionnel de la machine;
r est le cadre ou support sur lequel le mouvement parallèle
est installé. La simple inspection de cet instrument en
montre l'extrême commodité qui n'en exclut pas l'élégance
et, en réalité, il est constitué par des éléments simples et
parfaits; le seul frottement qu'il ait à vaincre réside dans
des joints légers et comme le mouvement ne comporte pas
de piston, les organes n'en peuvent être ni embarrassés, ni
cahotés, ni encrassés.

Diagrammes. — Les figures 584, 585, 586 sont les reproductions réduites de 3 diagrammes pris avec cet indicateur ; la figure 584 se rapporte à une machine Corliss ; les figures 585 et 586 sont celles des cylindres à haute et basse pression d'une machine Compound de marine. Dans chaque diagramme, aa' est la ligne atmosphérique.

Prenons d'abord le diagramme figure 584 : nous reconnaissons immédiatement qu'au point i, la pression de la vapeur est figurée, à l'échelle, par la longueur p et qu'en dessous, le vide est représenté par l'ordonnée v ; mais suivons attentivement le parcours de la ligne qu'a tracée le crayon de l'indicateur et commençons l'examen en a ; la vapeur entre dans le haut du cylindre de la machine à vapeur ; en même temps, par son action sur le tube ou le piston de l'indicateur, elle entraîne le stylet vers le haut, en b ; comme, ensuite, le piston principal se meut, la pression tombe au point c, puis quand la vapeur est interceptée, le reste de la course s'exécute sous l'influence de l'expansion de tout le volume de la vapeur que l'on a introduite dans le cylindre.

Observons que la chute de pression, de b en c, paraît être due à l'insuffisance de la section des passages amenant la vapeur au cylindre principal, et alors la pression initiale n'est pas nettement indiquée au point d'interception, à partir de c, la pression baisse de plus en plus, il y a détente, et sa courbe croise la ligne atmosphérique pour arriver en d ; quand, en ce point, la valve d'échappement est ouverte, le piston a fini sa course et commence son retour ; la *pression à la chaudière* est, dès maintenant, sur l'autre face du piston, puis, lorsque, dans ce coup arrière, le piston arrive à un point correspondant à i, la valve d'évacuation se ferme et, par conséquent, la pression se relève par compression de la vapeur existant encore dans le cylindre à vapeur.

Il est à remarquer que l'on a un travail indiqué, par la

partie du diagramme située au-dessous de la ligne atmosphérique, qui appartient réellement à la course haut-

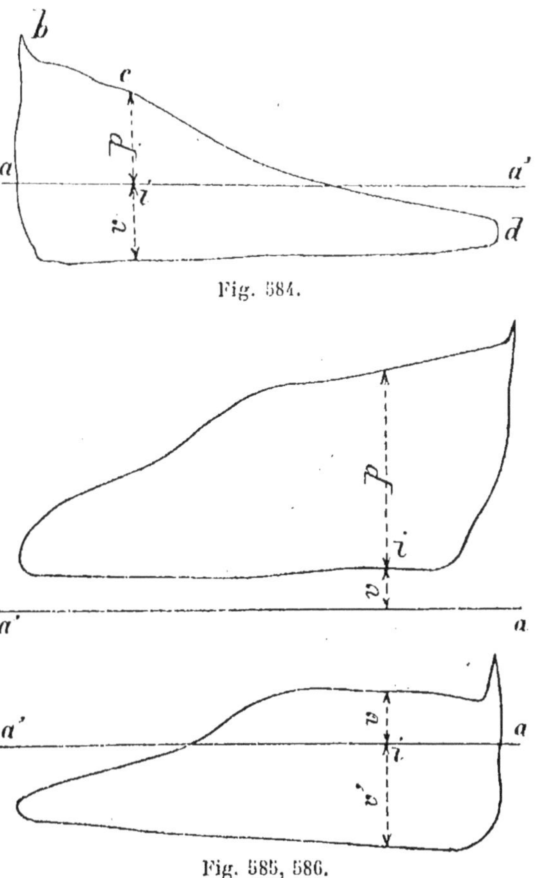

Fig. 584.

Fig. 585, 586.

vapeur et qui doit s'additionner à la partie supérieure; car
admettons, en effet, que nous ayons relevé les diagrammes
aux deux extrémités du cylindre et que nous les traitions

tous deux de même; ce que nous prenons pour l'un est donné par l'autre; de là, en pratique, l'habitude de choisir l'ordonnée $(v + p)$ comme valeur de la pression effective correspondant au point i.

Cela est surtout apparent dans une compound où deux cylindres de grandeurs différentes sont employés; lorsque la pression de la chaudière a actionné le piston du plus petit cylindre, la vapeur se répand dans le plus grand soit directement, soit en passant par un réservoir intermédiaire; le diagramme (fig. 585) est obtenu sur le cylindre à haute pression et (fig. 586) sur celui à basse pression d'une machine marine comportant un récipient entre les cylindres.

Dans le diagramme (fig. 585), la pression ne baisse pas au-dessous de l'atmosphère, de sorte qu'il y a une *contre-pression v* qui correspond à la pression initiale v dans le cylindre à basse pression et dans lequel la plus grande partie de l'énergie est obtenue par le vide. Ces diagrammes proviennent de moteurs faisant 80 révolutions par minute; la pression de la vapeur était de 5 kil. par centimètre carré et le vide 63 centimètres de mercure ou 0,2 par centimètre carré; la pression moyenne au diagramme (fig. 585) est 2 kil. 48 et celle de la fig. 586, 0,61 par centimètre carré.

Il ressort, des discussions auxquelles on s'est livré à l'apparition des compound puis des machines à cylindres multiples, qu'au point de vue de la consommation de vapeur, toutes choses égales d'ailleurs, la machine à simple détente consomme moins de vapeur qu'une compound; mais, sous d'autres rapports, elle est sujette à de beaucoup plus grands efforts et à de plus grandes variations dans la production de l'énergie motrice; par conséquent, dans une compound, les organes travaillants peuvent être plus légers et, en outre, elle travaille plus régulièrement que la machine à un cylindre. Il existe encore un autre avantage de la machine compound qui, dans la pratique actuelle la plus répandue, a une grande valeur; c'est la plus faible variation relative entre les températures des cylindres.

Dans une machine simple, le cylindre est alternativement exposé à la chaleur de la vapeur de la chaudière et au frais relatif du condenseur, et, en outre, cela se produit dans un très court espace de temps, sous une pression initiale absolue correspondant à une température de 170 degrés puis sous un échappement vers 70 degrés, de sorte qu'il y a une chute de température d'environ 100 degrés. Dans une compound, d'ailleurs, la variation de température dans le cylindre haute pression, dans les mêmes conditions de pression et de rapport de détente, serait d'environ 50 à 55 degrés et celle dans le cylindre basse pression un petit peu moins, soit, pour chaque cylindre, environ moitié de l'écart qui a lieu dans la machine simple.

La perte de force, par condensation puis re-évaporation partielle de la vapeur pendant l'expansion, serait considérable, dans une machine à détente ordinaire, si celle-ci n'était pas agencée avec enveloppe de vapeur; dans ce dispositif, chaque re-évaporation qui arrive pendant l'évacuation se fait aux dépens de la chaleur de l'enveloppe qui subit cette perte. Les cylindres dans lesquels se produit une très grande différence de température risquent encore de se fendiller, ce qui est le plus grave danger, car la fonte qui les compose résisterait d'autant moins à un refroidissement subit que, assez chaude d'un côté, elle est soumise, sur l'autre paroi, à une très grande chute de température.

Malgré beaucoup de controverses préalables, le succès des machines à expansions multiples a été entièrement assuré et il a été démontré qu'en pratique une triple expansion à 10kil. de tension nécessitait 25 pour 100 de moins de poids d'eau, par cheval indiqué, qu'une compound ne supportant que 6 à 8 kil. par centimètre carré.

C'est le lieu de dire quelques mots, concernant le *réservoir intermédiaire* employé dans les compound et en triple expansion; dans les premières, si les manivelles étaient calées côte à côte ou diamétralement opposées, les pistons ne s'accorderaient pas parce que le cylindre haute pression serait susceptible d'aspirer directement dans le grand cylindre; par conséquent il est indispensable de disposer un récipient de réserve qui sert à contenir la vapeur d'un cylindre en attendant que l'autre soit disposé à la recevoir.

Quand on intercale un réservoir entre les cylindres d'une compound, le point de fermeture pour le grand cylindre est choisi pour qu'il n'y ait pas *chute* de pression trop vive audit réservoir de vapeur; car, si cette pression dans le réservoir était moindre que la pression finale du cylindre haute pression, cela occasionnerait une disparition de la pression moyenne effective; la cause de cet inconvénient réside dans ce fait que la vapeur ne se détend pas seulement dans le premier cylindre mais au surplus lorsqu'elle arrive dans le réservoir, que nous supposons à moindre tension et, par conséquent, sans travail utilisé dans cette dernière expansion.

Pour éviter les condensations, constituant toujours un déchet, on surchauffe la vapeur, ainsi que nous l'avons vu précédemment; eu égard à ce que la perte de pression est alors accompagnée d'une plus-value de travail moteur extérieur, on conçoit que cette perte de chaleur apparaît comme une transformation différente; de toutes façons on réduit, par cette surchauffe, la condensation pendant la détente au grand cylindre.

Le cheval-vapeur, qui sert d'unité pour la mesure de la force des moteurs, a été désigné de trois façons différentes :

1° *Cheval nominal;*

2° *Cheval indiqué;*

3° *Cheval utile au frein.*

Scientifiquement, le cheval nominal ne signifiait pas grand'chose, bien qu'il fût de locution commerciale courante, et n'était établi qu'en fonction de la surface du piston ; or, comme les grandeurs ou proportions variaient dans une machine avec cette quantité, également la valeur commerciale changeait avec le nombre de chevaux-vapeur annoncés. Il existait toutefois quelques règles un peu arbitraires pour déterminer cette puissance, mais elles s'accommodaient seulement aux vues des divers fabricants ou aux changements résultant de la pratique de l'ingénieur ; les développer ici est donc oiseux.

Le *cheval indiqué* est la puissance engendrée par la pression de la vapeur dans le cylindre ; elle dépend de trois facteurs : la surface du piston, la vitesse de celui-ci et, enfin, la pression de la vapeur ; il est à remarquer que, par la variation de deux d'entre eux : vitesse ou pression, la résistance peut être matériellement accrue sans aucun changement dans le prix de la machine.

Il faut néanmoins rappeler que la pression ne peut pas être indéfiniment surélevée, car la pression initiale ne peut, d'une part, excéder celle pour laquelle la machine est établie, quant à la résistance des organes ; et, d'autre part, si l'on doit satisfaire à cette condition, il y a une perte dans le prix d'achat puisqu'on l'a fabriquée plus forte et plus lourde qu'il n'est utile pour le but poursuivi.

La pression effective moyenne ayant été établie au moyen de l'indicateur, la puissance indiquée est donnée par la formule mnémotechnique suivante ; soit :

T_i = puissance indiquée ;

S = surface du piston en centimètres carrés ;

P = pression moyenne en kilogrammes par centimètre carré ;

$V =$ vitesse moyenne du piston, en mètres par seconde;

$$T_i = \frac{SVP}{75};$$

On sait comment calculer la surface du piston, dont on connaît le diamètre :

$$S = \frac{\pi d^2}{4};$$

quant à la vitesse, on l'obtient par les deux facteurs : longueur de la course en mètres et nombre de tours par minute :

$$V = \frac{l \times 2n}{60},$$

car il y a deux coups de piston par révolution.

Comme exemple, prenons un piston de 0 m. 40 de diamètre ayant 0 m. 55 de course, qui actionne un arbre faisant 75 tours par minute sous une pression moyenne de 2 kil. 80 par centimètre carré :

$$S = \frac{\pi d^2}{4} = \frac{3,14 \times 40^2}{4} = 1256 \text{ cm.}^2$$

$$V = \frac{l \times 2n}{60} = \frac{0,55 \times 2 \times 75}{60} = 1^m375 \quad \left. \begin{array}{l} T_i = \frac{1256 \times 1,375 \times 2\,80}{75}; \\ T_i = 64 \text{ HP},5, \end{array} \right.$$

$$P = 2 \text{ kil. } 80$$

(l'abréviation HP nous vient de l'anglais : *horse power*, force en chevaux ; on emploie fréquemment aussi l'indice ch^x).

On mesure enfin la puissance réelle d'un engin à vapeur avec le frein ; c'est pourquoi on l'appelle *puissance au frein*. Une forme de frein à ce destiné est dessinée en figure 587 ; sur l'arbre principal a de la machine, on monte un tambour ou poulie p dont la périphérie est parfaitement tournée

unie; sa surface doit être exactement cylindrique, aussi
bien que la ceinture de frein que l'on serre autour d'elle, et
il est nécessaire que la ceinture soit supportée bien également sur tout le pourtour.

Ce frein consiste en un cercle fendu, ajusté avec des
blocs de bois b qui peuvent être tournés ou autrement re-
courbés de façon à embrasser étroitement la roue du tambour; les deux moitiés
de ce cercle sont réu-
nies par une charnière
en c, et par des oreilles
d que l'on peut attirer
l'une vers l'autre (afin
de serrer convenable-
ment les blocs de bois
sur le tambour de fric-
tion) par un écrou.

On peut ainsi, avec
un tel dispositif, obte-
nir la pression néces-
saire sur le frein à

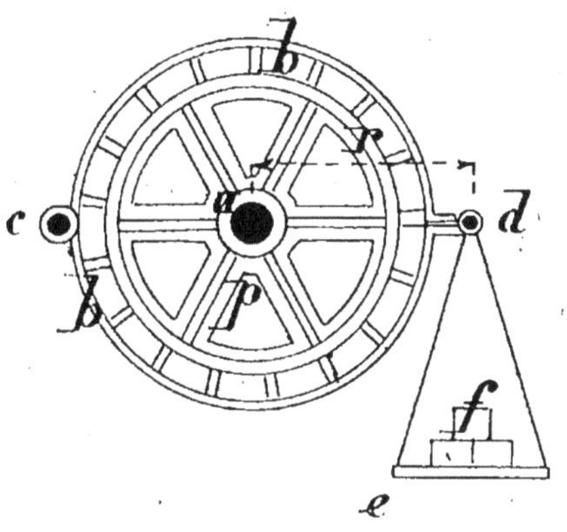

Fig. 587.

blocs. La ligne qui passe par $c\,d$ et le centre de l'arbre est
maintenue dans une position exactement horizontale pendant l'essai de la machine; en d, est suspendue une pla-
teforme e, sur laquelle on dispose des poids dont l'ensemble est, ici, représenté par f. Au-dessous de cette
plate-forme e, est un billot pour recevoir les poids et aussi
pour prévenir tout écart de chute quand on arrête la
machine.

Supposons maintenant que la machine soit lancée et que
la roue p tourne lâche dans le frein à blocs; si nous venons
à serrer le contour du frein, le frottement sera augmenté
entre la roue et les blocs et, à une certaine intensité de ce
frottement, les poids seront enlevés du support inférieur si,

toutefois, ils ne sont pas trop lourds pour la puissance du moteur en expérience ; car, au cas où ils le seraient, la machine serait bloquée par le frein.

L'agencement des poids et du frein est également combiné pour que le frottement de la roue p dans la bande du frein soit tout juste suffisant pour tenir levés les poids f et pour maintenir horizontale la ligne passant par cd. Par l'effet de la rotation dans la ceinture, la machine abandonne, en quelque sorte, son travail, et cela à chaque révolution ; ce travail est donc égal au produit du poids levé f par une hauteur égale à la circonférence d'un cercle dont r est le rayon ; l'effort exercé tend à faire tourner la force autour du centre de l'arbre a dans la direction de la flèche et son moment (*Mécanique générale*) doit être égal à celui du poids autour du même point, ou bien alors il s'affaisserait sur le billot inférieur.

Il est convenable encore d'attacher une chaîne solide à l'extrémité d du frein, pour prévenir la possibilité de rejet des poids de l'autre côté du tambour de friction, causé par un accroissement accidentel de vitesse de la machine ou par un collement des blocs du frein.

Supposons le rayon $r = 0$ m. 70 ; la circonférence correspondante sera $0,70 \times 2 \times 3,14 = 2$ m. 20 environ et le travail développé pendant une révolution sera égal à $2,20 \times f$; la machine faisant, par exemple, 80 tours par minute, la puissance au frein ou *travail utile* (travail disponible sur l'arbre soumis à l'expérience) deviendra :

$$Tu = \frac{80 \times 2,20 \times f}{60 \times 75}.$$

Admettons, enfin, que le poids total $f = 460$ kil., la puissance réelle fournie par le moteur sera, dans cet exemple :

$$Tu = \frac{80 \times 2,20 \times 460}{65 \times 70} = 18 \text{ chevaux.}$$

Pendant cet essai au frein, on prend des diagrammes ainsi que nous l'avons expliqué précédemment, ce qui permet de déterminer, par déduction du travail extérieur réel, ce que le frottement et autres résistances inhérentes à la machine elle-même, absorbent d'énergie motrice. Bien qu'un examen attentif n'amène pas à penser que ces *résistances passives* soient exagérées, cette étude ferait néanmoins découvrir le motif des points faibles et pourrait, dans la plupart des cas, en indiquer le remède.

Il est maintenant parfaitement établi que ces résistances par le frottement ne doivent pas être envisagées comme nuisibles au fonctionnement; ce n'est pas une augmentation de charges analogue à une augmentation de pression car elles existent, que la machine soit chargée ou pas ; cependant cela ne sera évidemment bon qu'autant que les organes seront convenablement lubrifiés ou tout au moins que la charge qu'ils supportent ne chasse pas les matières de graissage d'entre les surfaces en contact.

Il est indispensable d'apporter un soin méticuleux et quelque jugement quand on prend ou qu'on interprète les diagrammes ; sinon ils deviendraient complètement trompeurs. C'est ainsi que la corde qui mène le tambour à papier de l'indicateur doit être liaisonnée sur l'organe de la machine de façon à ce qu'une certaine longueur de l'extrémité de rattachement soit parallèle à la direction du mouvement de la partie de la machine où elle est reliée; d'autre part, il est assez important de fixer cette corde sur les poulies-guides à une distance un peu plus grande que la course sur le barillet de papier et de telle manière qu'elle arrive à angle droit par rapport à l'axe du tambour enregistreur. Si ces divers points n'étaient strictement suivis, le parcours du piston ne serait pas reproduit proportionnellement sur le diagramme eu égard à la pression correspondante de la vapeur dans le cylindre.

L'indicateur lui-même doit être fixé aussi directement que possible au cylindre principal; toute longueur inutile du tuyau qui les réunit pourrait rendre tout à fait vicieuse son action, qui ne coïnciderait pas alors au mouvement du piston.

Dans l'emploi d'un indicateur à piston, on prendra la précaution de le nettoyer chaque fois que l'on s'en servira, tout aussi bien avant l'opération qu'au moment où l'essai sera terminé, afin de contrôler l'absence de crasses ou de poussières dans le cylindre de l'appareil.

A la suite de l'étude de la production de force par l'action de la vapeur dans le ou les cylindres, nous nous occuperons maintenant de ce qu'elle devient à la sortie du cylindre.

Il est entendu que, si la machine n'est pas à condensation, il y a échappement dans l'atmosphère, auquel cas nous n'avons rien à en dire de plus.

Dans les machines à vapeur anciennes, le condenseur consistait essentiellement en un récipient, imperméable à l'air, dans lequel s'écoulait la vapeur d'échappement et où elle se rencontrait avec de l'eau froide pulvérisée; cette arrivée d'eau froide se produisait par de petits trous ou par des rainures étroites pratiquées sur un tuyau disposé en travers de la chambre. Ce qui résultait de cette disposition générale, c'est que la vapeur condensée par mélange se transformait en eau, au contact de l'afflux réfrigérant du jet d'eau, et tombait en cet état au fond du vase, d'où elle était reprise par une pompe actionnée par le moteur.

La simple condensation ou liquéfaction de la vapeur n'est cependant pas suffisante en pratique pour maintenir le vide au condenseur, car il s'y trouve de l'air, qui y est introduit de deux sources : il faut d'abord savoir que l'eau absorbe rapidement l'air, par exposition à l'atmosphère, et le rend aussitôt qu'elle est bouillie ou que la pression baisse à sa surface; l'alimentation d'eau conduira, par conséquent, de l'air dissous avec elle dans la chaudière et cet air, dégagé par ébullition, se mélange avec la vapeur, passe en même temps que la vapeur à travers la machine et rejoint ainsi le condenseur.

En outre, l'eau réfrigérante admise au condenseur cède tout l'air qu'elle contient, en partie par l'action de réchauffage qu'opère sur elle la vapeur condensée, en partie par la réduction de pression qu'elle subit en étant introduite dans un milieu où règne un vide relatif.

Par conséquent, à la suite de la condensation de la vapeur, l'air s'accumulerait et détruirait promptement le vide au condenseur s'il n'existait des moyens de l'enlever; un de ces moyens consiste en une pompe, précisément appelée *pompe à air.*

Dans le condenseur à injection, l'arrivée de vapeur doit être tenue assez haut pour prévenir la possibilité du retour de l'eau derrière le piston, et le fond du récipient sera disposé de telle sorte que toute l'eau ainsi que l'air puissent être épuisées par la pompe à air.

En pratique, on admet que la capacité du condenseur à injection ne doit pas être inférieure à 1/4 de celle du cylindre ou des cylindres qui y ont leur évacuation et qu'il n'est pas nécessaire qu'il soit plus grand que 1/2, sauf pour les machines exceptionnelles tournant très vite ; 1/3 est généralement considéré comme une proportion convenable. Car si, d'une part, le condenseur est trop grand, il faut plus de temps pour y former un bon vide et si, d'autre part, il est trop petit, il est sujet à déborder et à inonder, par suite, les cylindres.

Pour calculer la quantité d'eau d'injection nécessaire

à condenser une quantité V de vapeur, appelons :

T_0 = température de l'eau affluente dont le poids est Q ;

T = température du mélange après condensation, c'est-à-dire la température de l'eau à la sortie du condenseur.

Alors :

$$Q = \frac{640 - T}{T - T_0}\, V.$$

Comme application, admettons que la pression de la vapeur à l'échappement soit 1 kil. 24 correspondant à une température de 105° environ ; l'eau introduite est à 9° et l'eau enlevée à 45 degrés :

$$Q = \frac{640 - 45}{45 - 9}\, V = 17,5\ V.$$

C'est le total de l'eau d'injection exigée; c'est-à-dire qu'il faut, ici, 17 fois et demie le nombre de kilos de vapeur consommée pour fournir le travail.

Près du fond du condenseur, on adapte ordinairement une petite soupape de retenue dont la fonction est de laisser passer l'eau, mais de se fermer sous l'action de la vapeur ; elle se ferme par son propre poids et est maintenue sur son siège par la pression de l'atmosphère ; on l'appelle le *reniflard ;* il permet de débarrasser le condenseur de l'eau et de l'air, par une chasse de vapeur avant la mise en route du moteur.

Le tuyau intérieur d'injection ou *pomme* doit être placé au-dessous du flux de vapeur afin que, de cette façon, l'eau puisse traverser deux fois la vapeur d'échappement.

Dans ce condenseur, le volume de la bâche dans lequel il se vide dépend évidemment de celui du mélange de la vapeur condensée et de l'eau injectée ; si celle-ci est salée ou malpropre, il ne serait pas convenable d'y puiser l'eau de retour pour alimenter la chaudière. Mais, lorsque l'eau

froide est maintenue séparée de la vapeur qui se condense,
la condensation est convenable pour l'alimentation ; c'est
cette considération qui a conduit à l'adoption du *condenseur à surface*.

Il en existe bien des formes, cependant, en général, il
consiste en des tubes traversant un récipient dans lequel on
établit un courant d'eau réfrigérante, et alors, ce sont les
tubes qui remplissent la fonction de condenseur, ou bien
encore on fait couler l'eau froide par les tubes tandis que
l'échappement se répand dans la chambre étanche, tout autour des tubes qu'elle contient.

Dans l'un comme dans l'autre cas l'arrivée d'eau re-
froidit le métal des tubes, contre lesquels la vapeur se li-
quéfie.

L'économie de combustible, qu'entraîne l'emploi du condenseur se traduit par 15 pour 100 environ et, par de
bonnes dispositions, on peut encore l'augmenter. Si l'on
veut se rendre compte de la surface métallique nécessaire
pour condenser une quantité donnée de vapeur, il est admis en pratique qu'avec : 1° des tubes en laiton de 12 à
15 millimètres ; 2° de l'eau arrivant entre 10 et 20 degrés,
dans la proportion de 35 à 45 fois le poids de vapeur condensée, et 3° enfin, une température dans la bâche de 40
à 48 degrés, 35 à 50 kilogrammes de vapeur par mètre
carré et par heure, peuvent être condensés.

On a quelque peu discuté sur le plus ou moins de raisons qui militaient respectivement en faveur du passage de
la vapeur soit en dedans, soit en dehors des tubes ; mais il
semble que les meilleurs arguments soient au compte de la
circulation d'eau réfrigérante dans l'intérieur des tubes ;
car, dans ce cas, ils offrent une plus large superficie de
métal exposée à la vapeur chaude ; également aussi, la
graisse qui se dépose à l'extérieur est plus facilement retirée en la faisant fondre avec un appareil à feu ou en fai-

sant usage d'une solution de potasse ou de soude. En outre, si on n'enlève pas la crasse par l'un de ces procédés, le dépôt étant de consistance molle, n'empêche pas de retirer facilement les tubes, tandis qu'avec un dépôt minéral, susceptible de se produire par les incrustations de l'eau ordinaire, l'arrachage des tubes ne pourrait avoir lieu s'il se produisait à l'extérieur ; avec une circulation d'eau intérieure, au contraire, les sédiments s'enlèvent mécaniquement sans qu'il soit nécessaire de sortir les tubes.

Il y a encore d'autres avantages du système de circulation interne : on est plus certain qu'elle se fait convenablement sans risque d'accumulation d'air et sans diaphragmes qui répartissent les lames d'eau en toutes parties du récipient ; d'autre part le condenseur est plus petit, car il n'est pas besoin d'une chambre d'expansion en regard des tubes, comme il faudrait en ménager une lorsque c'est la vapeur qui passe par leur centre ; enfin, sous le rapport de la résistance des matériaux, les tubes travaillent dans de meilleures conditions, puisque la pression intérieure, à peu près égale à la pression atmosphérique, est supérieure à la pression sur leur périphérie, car c'est le vide qui les environne.

La quantité d'eau froide nécessaire peut être calculée par la formule ci-dessus énoncée ; mais comme c'est un minimum de volume, pour qu'il donne son plein effet, il doit passer sur une surface totale suffisante pour que l'échange de chaleur ait lieu. Il doit parcourir 5 à 6 mètres avant de quitter le condenseur, passant au travers des tubes deux ou trois fois. Si, au contraire, la circulation se produisait par l'extérieur il serait indispensable de disposer des membranes de chicane pour la forcer à la plus brève course et aussi pour empêcher l'eau plus chaude de s'accumuler dans la partie supérieure alors que l'eau plus froide aurait tendance à garder le fond. Quoiqu'il en soit, l'eau de refroidissement sera évacuée du condenseur en pompant par une ouverture située au-dessus de la plus haute rangée de tubes.

On a proposé, depuis quelques années, de combiner les condenseurs à surface avec l'air comme agent de réfrigération ; cela est surtout avantageux avec les très hautes pressions admises en des temps relativement récents, 14 à 15 kilogrammes au timbre, que les machines ne purent supporter qu'avec l'adjonction des enveloppes frettées et autres perfectionnements spéciaux aux hautes températures qui, nécessairement, accompagnaient ces hautes tensions.

Les premiers condenseurs à air étaient à force centrifuge ; des tubes étaient fixés entre des chambres extrêmes pouvant tourner sur leur axe et l'air était forcé de passer constamment du centre à la périphérie.

Bien que l'économie sensible de la machine à condensation recommande son adoption, partout où l'on peut se procurer de l'eau à bas prix et en quantité suffisante, l'usage des condenseurs est cependant limité par le prix de la fourniture d'eau par les villes et il est parfaitement visible, d'autre part, que si le poids d'eau est si grand par rapport à la vapeur liquéfiée, c'est parce qu'elle s'empare de la *chaleur latente* de la vapeur.

Au lieu d'en agir ainsi, on s'est demandé si l'on ne pouvait réduire à l'état liquide, dans un récipient clos, la vapeur qu'on y lancerait, en n'utilisant que l'évaporation d'un poids à peu près égal d'eau sur la paroi opposée de ce récipient ; le vide serait ainsi obtenu et la dépense d'eau ne serait guère plus forte que le volume employé à produire la vapeur.

Un de ces appareils (breveté) a été imaginé par *Ledvard*, il est représenté en élévation figure 588 ; une série de tuyaux *a* sont fixés en groupe et reliés à leurs extrémités par des coudes demi-circulaires *b*, afin que la vapeur d'échappement passe successivement dans tous les tuyaux du condenseur ; ainsi qu'on le voit, ces tuyaux ne sont pas lisses ; ils sont plissés afin d'offrir une surface d'exposition plus large que s'ils étaient simplement cylindriques.

En disposant de la sorte une superficie totale suffisante,

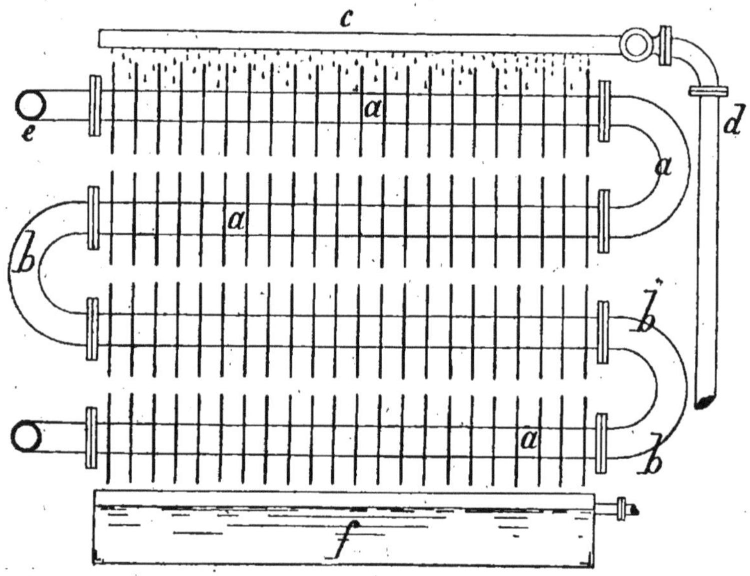

Fig. 588.

la vapeur se condensera par radiation de chaleur ; en essai, cela a donné un excellent vide qui se maintenait tout aussi bien en pleine allure qu'en marche réduite.

Sur la partie supérieure, on agence des tuyaux *c* à tout petits trous ou branchements, qui sont alimentés par un plus gros *d*; l'eau coule de *c* goutte à goutte ou en minces filets sur les côtés des tuyaux, à l'intérieur desquels circule la vapeur arrivant par la tubulure d'échappement *e*. L'eau

de réfrigération qui a échappé à l'évaporation, tombant de
tuyau en tuyau, arrive dans un bassin collecteur *f* pour y
être recueillie et employée à nouveau.

Le principe de cet appareil est bien simple : l'évaporation des minces filets d'eau sur l'extérieur des tubes du
condenseur emprunte la
chaleur latente de la
vapeur léchant la paroi
opposée et, si surtout le
vent vient à activer l'é-
vaporation, à la façon
d'un séchage ordinaire,
la vapeur abandonne
entièrement son calo-
rique. On voit que l'eau
employée au refroidis-
sement peut être moin-
dre que le poids de va-
peur condensée et, en
tout cas, son volume
n'est pas le moins du
monde à comparer avec
celui qui circule dans
les autres condenseurs
tubulaires. De plus, une
pompe à air est indis-

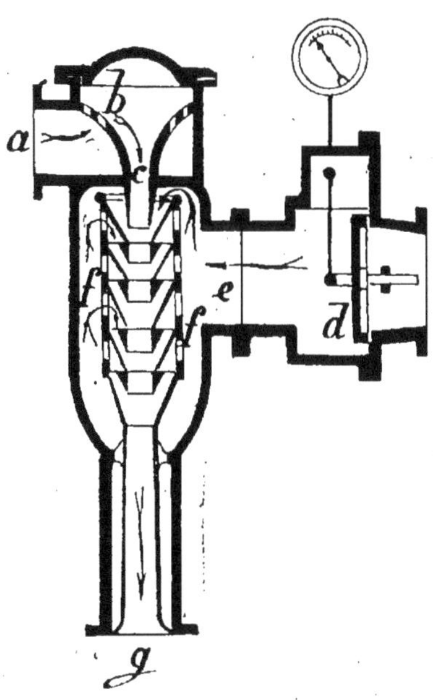

Fig. 589.

pensable avec l'un comme avec l'autre ; mais, ici, la pompe
de circulation n'est pas indispensable et c'est encore une
économie.

Une disposition de condenseur très compact, mais où
l'eau doit être abondamment fournie, est connue sous le
nom d'*éjecteur-condenseur* ; nous en donnons un
exemple figure 589. Il est reconnu, depuis longtemps, que
si l'on astreint un filet d'eau à traverser un tuyau par un

trou de diamètre un peu plus large, il y a entraînement de l'air ambiant ; de même il entraînerait également un courant de vapeur ou réciproquement la vapeur aspirerait l'eau comme en un tourbillon ; c'est là le principe de cet engin.

Dans la figure 589, l'eau arrive sous une hauteur de chute d'environ 6 à 7 mètres par a, d'où elle passe par un certain nombre de perforations b dans un entonnoir concentrique c qui se termine dans le bas en un ajutage qui est le premier de séries disposées verticalement au-dessus du tuyau de décharge. De son côté, la vapeur d'échappement du moteur, traversant une valve de retenue d, arrive par e au condenseur, où elle est aspirée et entraînée par le courant descendant d'eau froide au travers des ouvertures f dans les espaces compris entre les ajutages ; elle se condense de la sorte avec l'eau qui lui enlève sa chaleur et arrive chaude à la décharge ouverte en g ; de là, on peut la reprendre, s'il est besoin, pour l'alimentation du générateur ; m est le manomètre indicateur du vide derrière le piston.

CHAPITRE III

LA MACHINE A VAPEUR

Les principes généraux qui concernent la *machine à vapeur* étant dès maintenant suffisamment connus, il nous reste à compléter et à condenser ce qui a été exposé en diverses parties de cet ouvrage en reprenant de point en point le cycle intégral du fluide mis en action comme facteur d'énergie ; pour cela, nous allons d'abord imaginer que la vapeur soit engendrée dans une chaudière et suivre de proche en proche, sur un appareil schématique, chacune des phases caractéristiques du parcours, des transformations et du retour au générateur de la vapeur employée.

Nul cas, d'ailleurs, mieux que la machine Compound, ne se prête à cette espèce de démonstration ; car, quel que soit le nombre des cylindres où doive s'effectuer l'expansion successive, il n'y a pas à établir de différence exclusive entre tous les systèmes existants, quant à l'interposition de récipients détendeurs plus ou moins nombreux.

Ce qu'il faut éviter, dans le choix des moteurs, c'est la complication parfois exagérée eu égard au but que l'on se propose, à cause de son influence sur le prix et sur la surveillance. Dans la machine Compound, qui a précédé les machines dites en cascades et en a donné l'idée, on s'est efforcé d'obtenir une répartition également fractionnée de l'énergie motrice afin d'exprimer le maximum de rendement du fluide ; quoi qu'il en puisse advenir du surchauffage (préalable ou scindé), notre point de départ et de retour sera donc le générateur.

Une machine motrice complète se compose, en réalité (fig. 590) :

1° D'une *chaudière g* sur laquelle sont disposés tous les appareils accessoires. (Voir le volume *Chaudronnerie et Chaudières.*)

2° Du *tuyautage t*, réunissant les diverses parties de l'appareil et dont le rôle est tantôt de conduire la vapeur du générateur au premier coffre des tiroirs, tantôt de la diriger vers le condenseur, soit encore d'amener l'eau nécessaire à la condensation, de reprendre l'eau résultant de la condensation ou toute autre eau indispensable à l'alimentation pour remplacer celle qu'a évaporée la chaudière, y compris les pertes.

3° D'une machine proprement dite *m*, comportant : tiroirs et cylindres en nombre variable, pistons, bielles et tous organes mécaniques nécessaires au fonctionnement automatique de l'appareil.

4° Du condenseur *c* avec ses pompes : circulation, à air ou alimentaire.

La vapeur étant formée dans la chaudière *g* de façon à atteindre la pression suffisante (20 kil. par centimètre carré dans certains cas), on ouvre la valve de communication aux tiroirs ; aussitôt le fluide se précipite dans les espaces qui lui sont offerts et qui sont, évidemment, à la simple pression de l'atmosphère ; en outre, comme tout le tuyautage est froid, de grandes condensations ont lieu contre les parois et il faut un temps plus ou moins long pour que le tuyautage soit en équilibre de pression avec le générateur ;

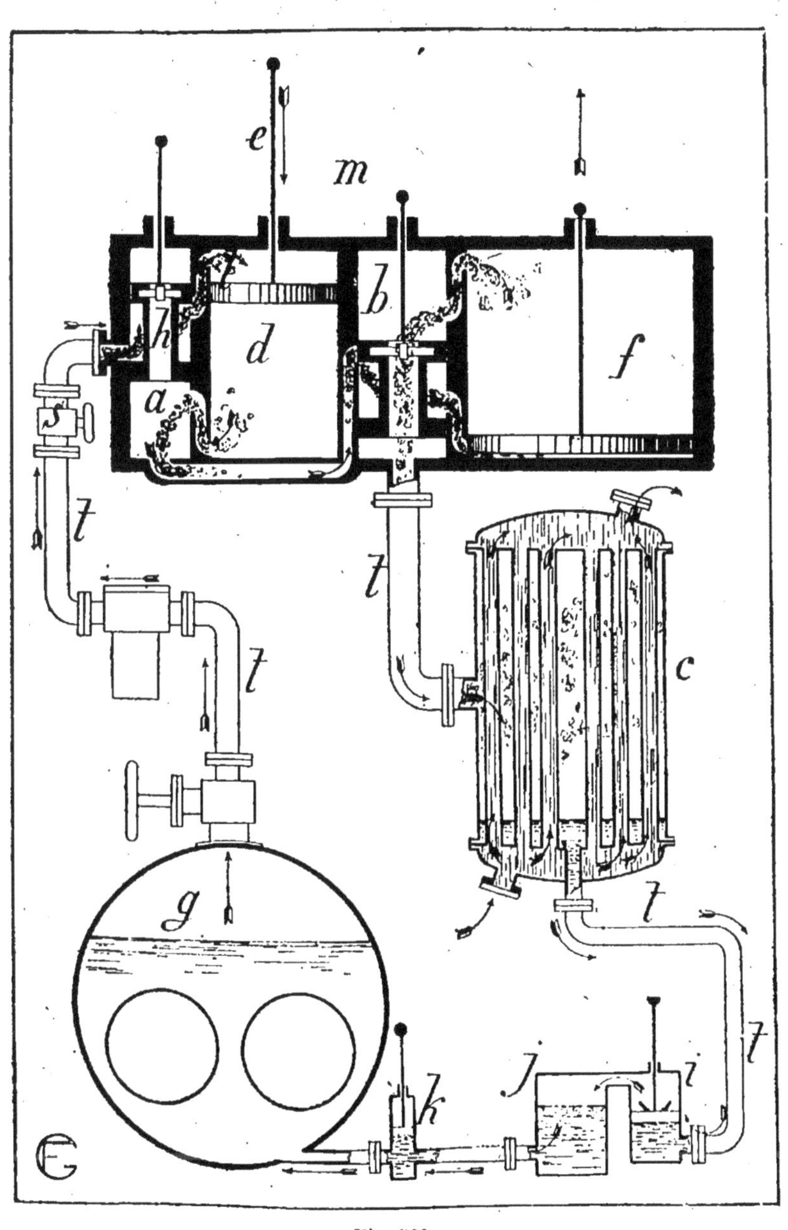

Fig. 590.

c'est pour chasser l'eau produite ainsi que l'air remplissant toutes les capacités que l'on procède à des purges préalables lors de la mise en train du mécanisme.

Supposant ces opérations préliminaires effectuées, la vapeur fournie par les chaudières arrive dans une boîte à tiroir a généralement précédée d'un registre spécial s, quelquefois elle a traversé, avant ce point, des dispositifs tels que surchauffeur et épurateur d'eau qui la débarrassent totalement ou partiellement des légères buées (pour nous servir d'une expression typique quoique fort exagérée) qu'elle a pu entraîner ou détendeur de pression au moyen duquel l'introduction dans la boîte à tiroir se fait sous pression normale.

Quoi qu'il en soit, nous supposons que la vapeur est sèche, qu'elle possède même une température suffisante pour contrebalancer les condensations sur tout son parcours et qu'enfin elle a une tension parfaitement définie.

Admise autour du premier tiroir h, elle trouve comme issue une des lumières l que la distribution a découverte pour le sens de la marche du piston, dans lequel doit avoir lieu la rotation; elle entre donc dans le cylindre d et remplit le volume compris entre les parois du cylindre et la face mobile du piston ; lorsque ce dernier est à l'un de ses points haut ou bas, la capacité ainsi limitée est appelée espace mort, tandis que nous admettrons qu'une fraction de course soit déjà parcourue et que la vapeur affluente, s'appuyant contre un des fonds du cylindre, repousse le piston vers le fond opposé.

La machine se met en mouvement; la tige e, passant dans le presse-étoupe, actionne la tête de bielle dont l'extrémité opposée conduit le bouton de la manivelle et il en résulte la rotation de l'arbre moteur principal.

Cependant, à un certain moment, l'introduction de vapeur a cessé par suite de la fermeture de la lumière d'admission *l* le fluide contenu dans le cylindre opère sa détente pendant le reste presque entier de la course et perd de son énergie ; à bout de course, l'échappement se produit, réglé par le tiroir ou par la soupape *h*, et la vapeur est évacuée dans la seconde boîte à tiroir *b*.

La distribution par ce tiroir se fait de la même façon que précédemment ; néanmoins il est bon de signaler ici qu'eu égard à la disposition des manivelles (90°) ; la capacité du *réservoir intermédiaire* formé par ce nouveau coffre à tiroir est soumise à de certaines règles. La vapeur entre dans le grand cylindre *f* où elle continue à se détendre jusqu'à ce que la distribution lui ouvre, à fin de course, l'évacuation au condenseur *c*.

Il existe deux classes de condenseurs à eau : les condenseurs par injection, dont nous avons parlé précédemment avec suffisamment de développements, et les condenseurs par surface ; admettons la machine pourvue d'un de ceux-ci.

La vapeur y arrive complètement détendue, c'est-à-dire à très basse pression, mais possédant encore toute la chaleur correspondant à cette pression et, en particulier, sa chaleur latente, selon le degré d'expansion et le timbre de la chaudière, sa température varie de 70 à 90°. Au contact des parois du condenseur, généralement des tubes en laiton, qui sont refroidies par un courant d'eau à 15° environ, la transformation de la vapeur, encore à l'état de gaz, va s'opérer et de l'eau tiède sera le résultat de ce changement d'état.

Mais le condenseur, dans toutes les capacités où s'est échappée la vapeur, ne contient pas seulement de la vapeur et de l'eau ; pour diverses raisons, de l'air y a été amené et il est nécessaire de s'en débarrasser au moyen de la *pompe à air i* : cette pompe est mue par la machine et aspire l'air et l'eau du condenseur, elle est combinée pour n'envoyer que l'eau condensée dans un récipient dénommé la *bâche j*.

C'est dans cette bâche qu'une seconde pompe *h*, dite *pompe d'alimentation*, ou tout autre appareil mû ou non par le moteur, reprendra le liquide ainsi obtenu, après toutes les évolutions décrites, pour le refouler dans le générateur *c* et où, évaporé à nouveau, il servira à répéter les mêmes phénomènes; c'est donc bien en un cycle complet que, par l'intermédiaire de l'eau, le calorique fourni à la chaudière se sera converti en un travail mécanique.

Connaissant le fonctionnement d'ensemble d'une machine à vapeur qui possède un ou plusieurs cylindres et qui est munie ou non d'un condenseur avec tous les accessoires qu'elle comporte, nous allons maintenant entrer dans quelques détails de construction relativement à chacun des organes en choisissant comme exemples lès types construits par des mécaniciens réputés; il serait exagéré, pour le cadre de ce manuel, de chercher à passer en revue tous les mécanismes existânt ou ayant existé.

Nous décrirons d'abord un *moteur horizontal* à un cylindre, avec distribution à tiroirs cylindriques; puis une machine Compound du type *à pilon*, avec condenseur; passant rapidement sur les *multiple-expansion* et autres engins, nous terminerons par les *turbo-moteurs*.

Type de machine horizontale. — Le moteur représenté par les figures 591, 592, 593, 594 est à bâti en deux parties principales : le cylindre avec tous ses accessoires de distribution et le corps de glissières fondu avec les paliers de l'arbre; le condenseur est disposé sous le parquet de la salle; telle est l'apparence générale du *type Farcot*.

Le fluide, amené par le tuyautage de vapeur, arrive latéralement au cylindre, en *1* (fig. 591 et 592); il pénètre d'abord dans la capacité formée par la *chemise* et le *fourreau 2*, contourne celui-ci à droite et à gauche et se dirige

vers les tiroirs d'admission placés aux deux bouts du cylindre, par des tubulures à section rectangulaire ; il réchauffe de la sorte toutes les parois composant les œuvres
vives du cylindre.

Des bossages, tels que 3, servent à fixer les tuyaux d'éva-

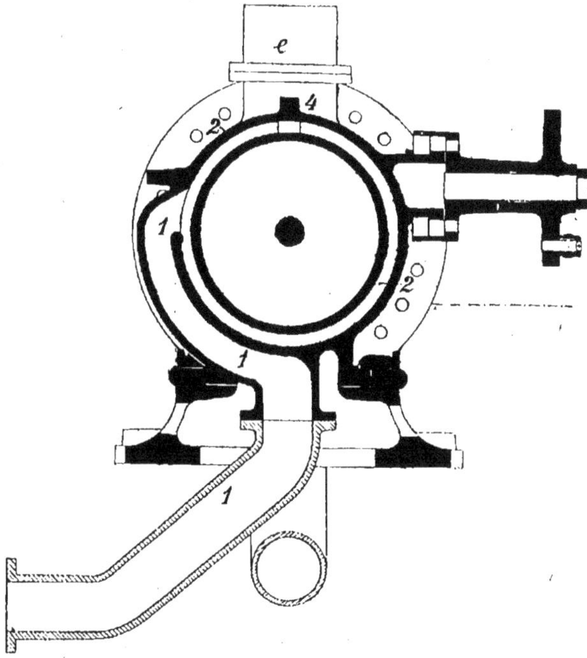

Fig. 591.

cuation de l'eau de condensation qui s'est liquéfiée dans
l'espace annulaire.

Les tiroirs d'admission a sont à portées cylindriques et
sont animés d'un mouvement tournant de va-et-vient ; ils
découvrent ou obstruent les lumières pratiquées dans les
fonds, de façon à distribuer la vapeur conformément au

diagramme du projet et aux variations du travail indiquées
par le régulateur à boules; nous verrons plus loin comment
a lieu leur commande.

De même les tiroirs d'échappement *b*, sont situés en

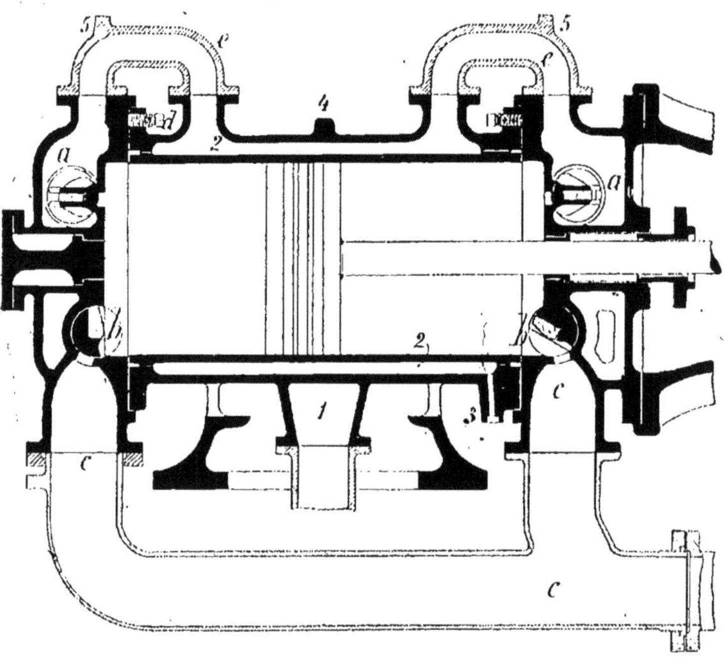

Fig. 592.

dessous des précédents mais ne subissent pas l'influence du
régulateur bien qu'étant commandés par le même organe
que les tiroirs d'introduction ; lorsqu'ils sont ouverts, ainsi
que le montre celui de droite, la vapeur se répand dans la
tubulure inférieure *c* d'où elle gagne le condenseur.

Renseignés sur la circulation de la vapeur, nous pouvons
donner quelques détails de construction ; le cylindre est

fait en quatre parties : la chemise, boulonnée sur un sou-
bassement, le fourreau, parfaitement ajusté dans celle-ci,
et les deux fonds portant chacun deux tiroirs.

Ainsi que nous l'avons vu, la chemise forme enveloppe
de vapeur à la pression initiale; outre les bossages de purge
3, il en est prévu d'autres : 4 pour le graissage du piston
et 5 pour fournir une certaine quantité de lubrifiant en-
trainé par la vapeur, dans son évolution, vers toutes les
parties intérieures frottantes ; il y a aussi des vis d pour le
démontage; dans le haut existent les deux brides des tubulures de raccordement avec les fonds e ayant également les
bossages s pour le graissage ; enfin toute l'enveloppe est
habillée d'une tôle peinte ou de lames de cuivre ou de laiton
qui s'opposent aux déperditions trop importantes par
rayonnement.

Le fourreau est, pour ainsi dire, un simple revêtement
intérieur que l'on peut changer lorsque l'ovalisation s'est
produite sous l'influence du jeu et du poids du piston toujours sur la même génératrice; il est fabriqué en fonte dure
spéciale et retenu en place sur la chemise par quelques
prisonniers ; une garniture étanche complète le joint à
chaque extrémité de façon à arrêter absolument toute fuite
susceptible de s'y faire jour.

Les deux fonds sont boulonnés avec la chemise et portent
les amorces des tubulures d'admission et d'échappement
qui débouchent, d'autre part, en haut et en bas ; cette dernière lumière est bien disposée pour évacuer l'eau de condensation qui se produit toujours à moins de surchauffe
préalable.

Leur diamètre intérieur est légèrement plus fort que
celui du cylindre afin que la vapeur se répande plus aisé-
ment sur toute la surface du piston lorsqu'il est à bout de
course ; celui de gauche est représenté avec un presse-
étoupe en attente, pour le cas où une tige devrait traverser

cette partie ; les tiroirs sont ajustés dans ces couvercles, mais ils possèdent néanmoins un certain jeu sur leurs

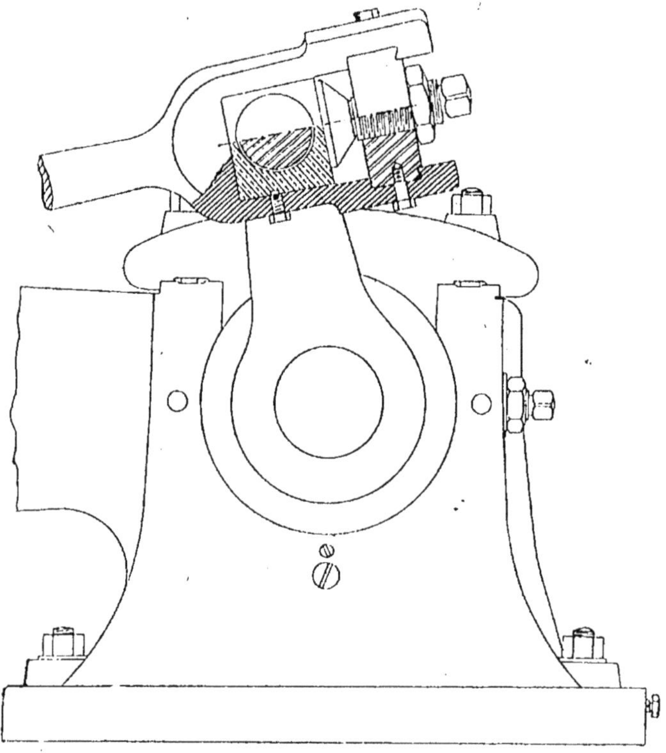

Fig. 593.

barres de rotation, afin que la pression les applique parfaitement contre les lumières.

Le couvercle côté arbre est solidement assujetti à la glissière en *c* par des boulons et celle-ci est elle-même fondue avec le palier principal, de façon à ce que l'ensemble de la machine offre une fixité absolue.

Nous parlerons plus loin du mécanisme de commande aux tiroirs ; nous voulons d'abord signaler le montage de la tige du piston sur la crosse, il se fait avec possibilité de rattrapage de jeu, ce qui est une excellente condition pour que le fonctionnement ait lieu d'une façon invariable, mal-

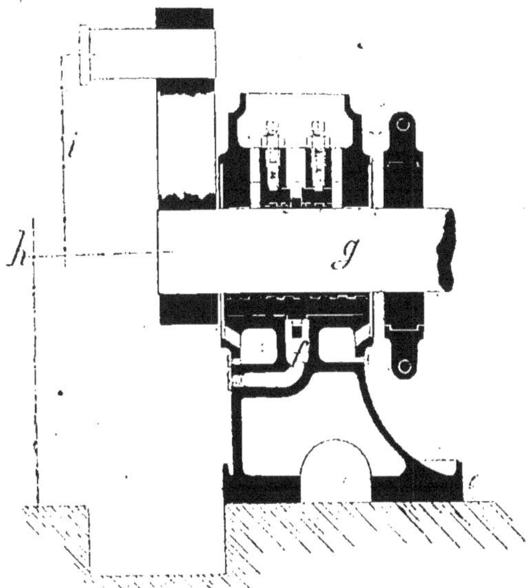

Fig. 594.

gré l'usure ; l'autre tête de bielle (fig. 593) elle-même permet le serrage convenable.

Sur l'axe de la crosse est également ajustée la bielle de commande des pompes du condenseur qui leur donne le mouvement au moyen d'une sorte de T.

L'arbre principal, qui porte la manivelle, est supporté, pour la plus grande partie, par le palier fondu avec les glissières et par un second palier à quelque distance ; entre les deux est le volant, ainsi que l'excentrique actionnant la distribution et une roue d'angle conique, pour la rotation du régulateur.

Cet arbre, dans chacun des paliers, est à bain d'huile, avec bague folle de lubrification ; on peut voir, sur la figure 594, que le palier est creux et qu'il est fermé par deux tôles s'opposant à toute perte d'huile un peu importante ; la bague *f* ramène constamment le lubrifiant sur la génératrice supérieure qui la répartit uniformément dans son mouvement ; l'huile épaissie peut être retirée par les bouchons à vis.

Le graissage du maneton (fig. 594) se fait par son centre ; l'axe est, en effet, percé sur une certaine longueur et raccordé avec d'autres trous diamétraux ; en regard de l'axe de l'arbre principal *g*, on dispose, généralement, un balustre du garde-fou encadrant le moteur ou tout autre support et, à hauteur de cet axe, on agence un petit pivot creux *h* par lequel descend l'huile d'un graisseur ; en réunissant donc, par un tube *i*, ce pivot et l'axe du maneton, on crée un organe de graissage qui suivra exactement l'évolution de la manivelle et lui fournira l'huile nécessaire.

Décrivons rapidement, à propos du graissage des paliers et des moyeux, le dispositif breveté *Leneveu* qui empêche automatiquement l'huile de sortir soit en marche soit au repos ; par cette précaution assez simple, le lubrifiant retourne au réservoir en toutes circonstances au lieu de se perdre et de salir les abords des transmissions.

Il est constaté, en effet, que sauf certains cas où elle forme cambouis, l'huile disparaît soit par infiltration ou capillarité le long des joints de paliers, soit par l'inclinaison des arbres, soit par la force centrifuge lorsqu'il y a une rotation plus ou moins rapide ; pour remédier à cette déperdition, on établit des cordons qui sont ou bien pris dans la matière de l'arbre elle-même, ou constitués par une bague à cannelures ; leur relief est plus prononcé du côté du pa-

lier (fig. 595) et leur diamètre va en diminuant; l'huile,
suintant des portées, cheminera forcément sur ces cannelures dont la forme générale est tronconique; si l'arbre est
en mouvement, l'huile se répartira le plus loin possible de

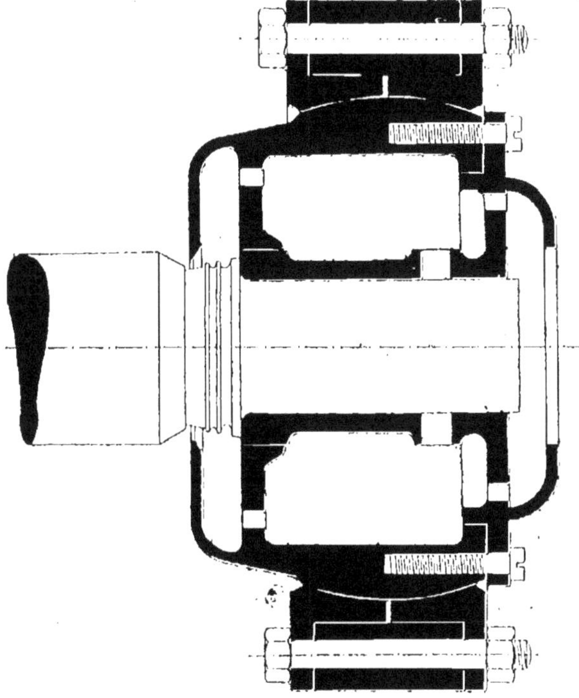

Fig. 595.

l'axe, avec tendance à être projetée par la force centrifuge,
tandis qu'à l'état de repos, elle se placera au point bas,
sollicitée par la pesanteur; mais en toute occasion, le liquide
cherchera à atteindre le cordon de plus grand diamètre
d'où elle gouttera dans un réservoir agencé en conséquence.

Si l'arbre tourne, l'huile tend à rester sur le plus grand cordon, à cause de la force centrifuge et, se répandant sur la face du coussinet, retourne au réservoir central ; s'il s'en échappe cependant qui atteigne les autres cannelures pour une cause quelconque, projections sur le larmier ou excès de lubrifiant, cette huile rétrogradera, de proche en proche, depuis le cordon de plus faible diamètre jusqu'à celui qui touche le coussinet, en raison de ce que les largeurs de cannelures font passer automatiquement l'huile du plus petit cordon sur le plus grand et la ramènent toujours, par conséquent, vers le palier.

En résumé, par la combinaison du larmier et des cordons tronconiques, il ne sortira pas une goutte d'huile du palier sous l'influence de la force centrifuge ou de la non-horizontalité de l'arbre.

Commande des tiroirs et des soupapes. — Primitivement elle s'est effectuée au moyen de cames dont nous avons tout au long décrit le tracé dans le premier volume ; on satisfait aux deux conditions d'ouvrir le tiroir instantanément et pendant la course presque complète ; mais ce système produit des frottements considérables qui finissent par émousser les arêtes, de sorte qu'en fin de compte il se produit des chocs et des flottements.

Puis l'excentrique circulaire a été employé d'abord dans toute sa simplicité, et peu après, réuni à des coulisses de différents genres dans le but de modifier son mode de transmission aux tiroirs ou de provoquer même des changements de marche.

Dans la transmission aux soupapes, par l'excentrique, il doit y avoir une sorte d'arrêt pour que la soupape appuie bien sur son siège.

Si la distribution comporte deux tiroirs, comme dans la détente Mayer, par exemple, il va sans dire que le calage

de la soupape ou du tiroir de détente est différent du calage
du tiroir proprement dit.

Une autre classe est celle des distributeurs disposés au
nombre de 4 : ceux de l'introduction et ceux de l'échappement, à chacune des extrémités du cylindre ; ils ont, les
uns et les autres, une transmission distincte ; les soupapes
ou tiroirs d'échappement sont réglés une fois pour toutes
tandis que les distributeurs d'admission modifient leur

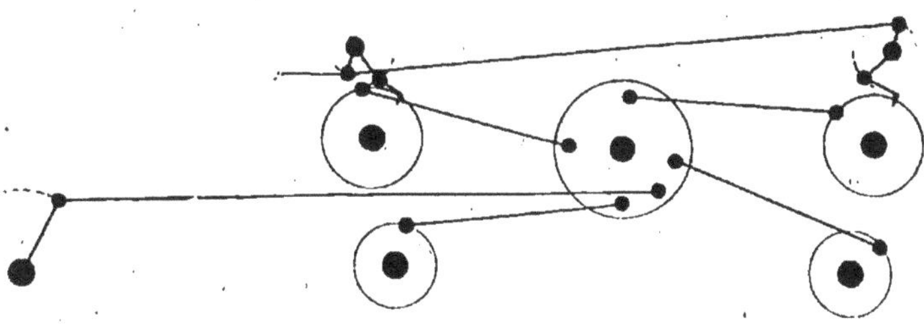

Fig. 596.

cation selon la force à produire, généralement au moyen
du régulateur.

Comme les variantes dérivées des machines Corliss ne
portent que sur des dispositions de mécanismes, nous décrirons la transmission appliquée à la machine Farcot déjà
choisie pour exemple.

Elle est pourvue de quatre tiroirs d'une forme spéciale
(fig. 596) qui possèdent un mouvement alternatif circulaire ;
ce sont, en quelque sorte, des glissières cylindriques qui
leur ont fait donner le nom de robinets ; ils fonctionnent aux
deux bouts du cylindre, sur les plateaux de fond ; la capacité de l'espace mort est, ainsi, considérablement réduite.

Ils reçoivent leur mouvement de rotation d'une traverse
passant à travers le tiroir et leurs extrémités s'engagent
dans les crapaudines du couvercle ; la vapeur applique ces
tiroirs sur leurs glaces.

La traverse aboutit, en dehors du cylindre, à un plateau pour les tiroirs d'admission et à une manivelle pour ceux d'échappement; plateaux et manivelles sont mis en mouvement (fig. 596) par des biellettes réglables de longueur dont les crosses sont fixées à un plateau circulaire principal dont tous les points décrivent des arcs correspondants ; pour cela, ce dernier plateau, situé dans l'axe médian du cylindre, est actionné par une longue bielle qui va et vient de la quantité voulue par le jeu d'un excentrique calé sur l'arbre du volant et que nous montre la figure.

On varie la durée de l'introduction et, par conséquent, on modifie la détente, en faisant commander au régulateur un buttoir porté par l'axe des traverses ; une bielle rend solidaires les plateaux de commande d'admission, de façon à ce que ces variations aient lieu simultanément de chaque côté du piston ; enfin les tiroirs cylindriques d'introduction sont rappelés instantanément dans leur position de fermeture par des soupapes à air que contrebuttent des ressorts.

Travail indiqué.	DIMENSIONS PRINCIPALES		Nombre de tours par minute.	Pression.	CONSOMMATION PAR CHEV.-HEURE.		OBSERVATIONS
	Diamètre.	Course.			Vapeur.	Charbon	
Chevaux.	Mètres.	Mètres.		Kilog.	Kilog.	Kilog.	
60	0 373	0.920	68	5.50	»	0.88	Pression à la chaudière.
70	0.373	0.920	72	4 72	6.58	»	- à l'admission.
90	0.373	0.920	69	5.97	6.39	»	— —
115	0.515	1.150	64	6 29	6.66	0.84	— à la chaudière.
145	0 515	1.150	67	6.25	6 43	»	— —
260	0.650	1.300	64	6.40	6 60	0 85	— —
265	0.650	1.300	65	7.00	6 32	»	— à l'admission.
290	0 650	1.300	65	6.50	6 80	0 76	— à la chaudière.
290	0 650	1.300	75	7.20	6.27	»	— —
340	0.736	1.440	63	6.50	6 44	0 65	— au cylindre.
390	0.650	1.300	75	6.10	6 76	0.82	— —

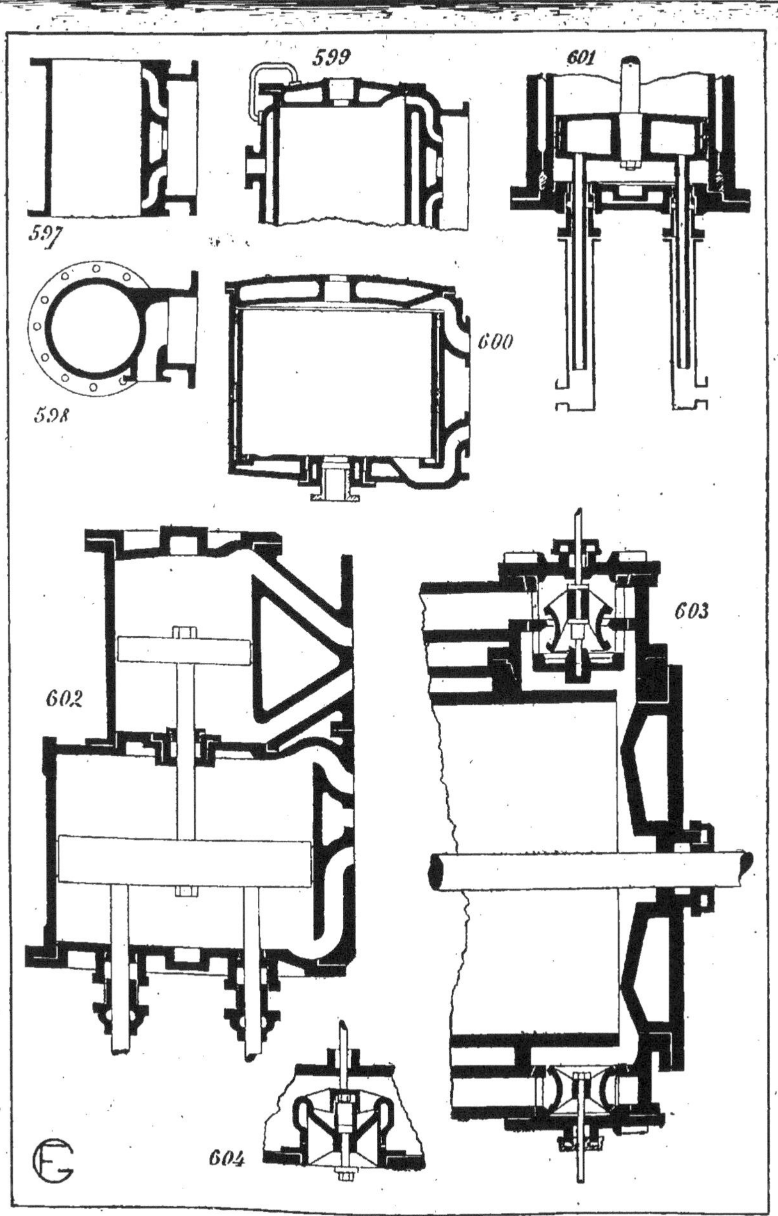

Fig 597 à 604.

vi. — *Machines à vapeur.*

La consommation annoncée, par cheval-heure, avec le moteur Farcot est de 5 kil. 500 pour les grandes puissances et de 7 kil. pour les petites; dans l'intention de fournir quelques renseignements sur les dimensions de ces machines, le tableau ci-dessus a été dressé; les chiffres sont le résultat de divers essais de puissance et de consommation.

Dispositions du cylindre. — Le cylindre à vapeur est exécuté en fonte ou en acier coulé; il y a toujours intérêt à le pourvoir d'une enveloppe, surtout dans les machines à condensation et à grande détente; cependant si la machine doit fonctionner à haute pression et sans condensation, les pertes et les fuites sont moins importantes; si on veut faire un moteur léger ou si l'on dispose de la surchauffe, on peut ne pas employer d'enveloppe (fig. 597 et 598); car la confection de cette pièce, avec enveloppe venue de fonte, est plus difficile; il faut, à la fonderie, donner une certaine force au noyau qui formera le vide intérieur (fig. 599); on est, ensuite, obligé de vider le noyau et du sable reste toujours interposé dans les coins et, inévitablement, il serait entraîné dans le cylindre qui, pour cette cause, est souvent grippé.

C'est pour cela que l'on a fait des cylindres à fourreau (fig. 600 et autres); on introduit à l'intérieur de l'enveloppe un second cylindre ayant le diamètre et la longueur de la course; quelquefois le fourreau a lui-même un fond qui se fixe dans l'enveloppe et le joint de matage est à l'autre extrémité.

On doit faire en sorte que l'effet des dilatations inégales possibles de l'enveloppe et du fourreau ne soit pas préjudiciable à l'agencement général.

Dans les figures suivantes on peut voir quelques types de cylindres; les figures 597 et 598 sont celles d'une machine sans enveloppe, avec fonds simplement boulonnés sur les

brides d'extrémité ; la boîte de vapeur y est venue de fonte
avec tout le reste ; cette disposition est moins commode
pour le dressage ou la réparation de la glace du tiroir.

Le cylindre (fig. 599) est à enveloppe complète de
vapeur, tant pour la partie cylindrique que pour les couvercles, et présente le même inconvénient que le précédent
quant à la glace du tiroir.

Un système à fourreau est représenté figures 600 et 601 ;
on voit que la confection de la chemise extérieure est plus
facile et que si l'on peut faire varier, selon les idées propres
à chaque constructeur, l'épaisseur de l'enveloppe réelle de
vapeur, il faut toujours y prévoir des moyens pour purger
convenablement ces capacités, surtout au moment de la
mise en marche, où les condensations sont plus actives,
ainsi qu'on le verra dans la suite.

Dans d'autres systèmes, le réchauffement des parties
vives du moteur est poussé à l'extrême (fig. 601) ; le piston
lui même est creux et porte un ou plusieurs appendices
traversant le couvercle et se mouvant dans des tubulures
extérieures étanches où circule la vapeur à la pression de la
chaudière ; l'axe, en ce cas, est forcément vertical, afin
que l'évacuation de l'eau de condensation puisse avoir
lieu.

Bien que ce soit anticiper sur la description que nous
ferons d'une machine Compound, nous représentons ici
(fig. 602) un cylindre à deux pistons de différents diamètres en raison de ce qu'avec ce dispositif, il est possible
de ne récolter l'énergie de la vapeur que sur une manivelle
de l'arbre, les tiges du grand piston étant, au besoin, ter-
minées sur une traverse commune.

Les machines à plusieurs distributeurs, tiroirs ou soupapes peuvent être agencées de bien des manières ; tantôt
les soupapes sont sur la partie cylindrique (fig. 603, 604, 605,
609, 610) et tantôt on les dispose sur les fonds (fig. 606, 607),

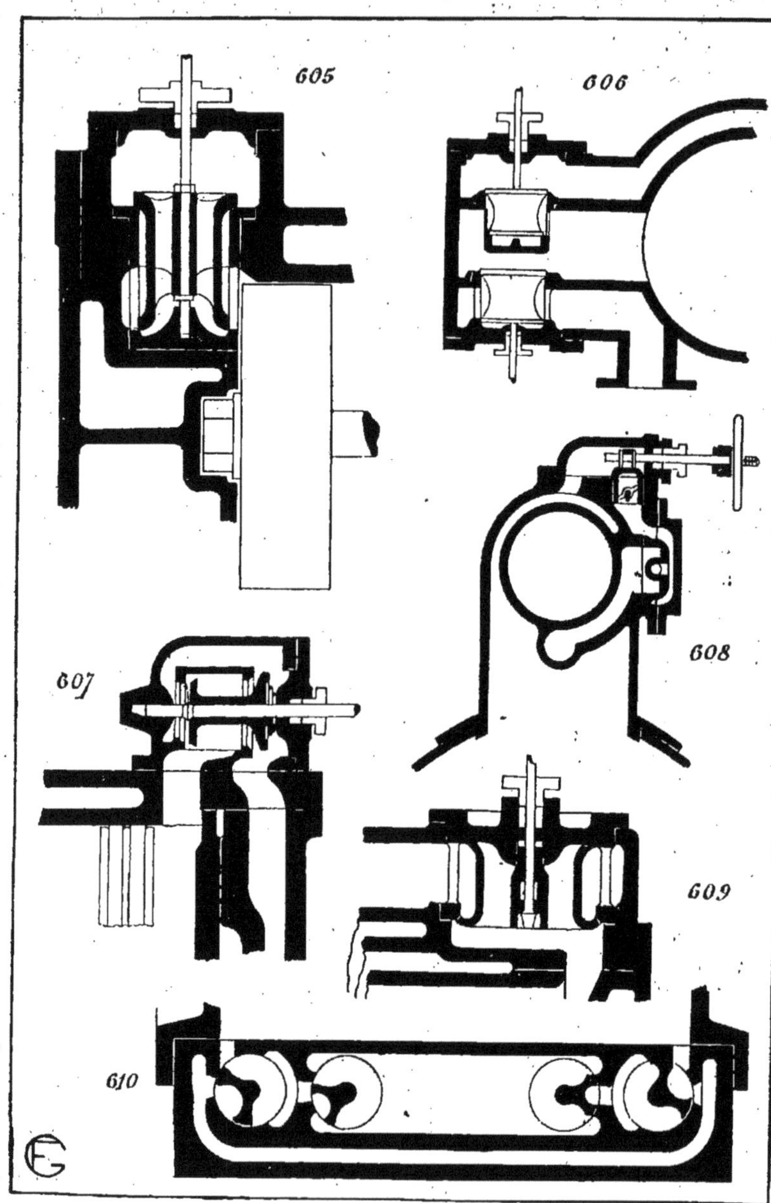

Fig. 605 à 610.

de même que dans le type adopté pour la machine Farcot,
ou enfin sur le côté (fig. 604).

Parfois enfin, dans certaines locomobiles ou machines
mi-fixes, en particulier, le cylindre est fondu avec le dôme
de la chaudière (fig. 608) ; c'est une méthode qui a certainement des avantages sous le rapport de l'économie du
fluide ; cependant elle présente certains inconvénients dont
le plus grave est la difficulté d'égaliser les dilatations se
produisant quand le moteur est à sa température normale.

Dispositions des pistons. — Ce que l'on recherche,
dans un piston quel qu'il soit, c'est l'étanchéité ; il doit éviter toute fuite de vapeur.

Dans les machines primitives, on le confectionnait à garniture de chanvre (fig. 611) ; mais on comprend que ces garnitures soient de peu de durée ; au bout d'un mois ou deux,
surtout dans les machines à haute pression, elles se carbo-
nisent ; en outre elles rayent profondément la surface du
cylindre. Les garnitures de coton durent encore moins.

Aussi a-t-on été conduit à employer des garnitures métalliques ; les premières étaient en quatre secteurs, avec
coins métalliques poussés par des ressorts ; elles étaient
d'une construction délicate et ont fait place à plusieurs espèces de cache-joint ; là encore on appréciait difficilement
l'élasticité des garnitures qui s'altérait avec le temps.

Aujourd'hui on les fait à joint en z ou simplement selon
une ligne inclinée (fig. 612) ; on pratique, dans le corps du
piston, une série de cannelures dans lesquelles on engage
des bagues métalliques en fonte dure ou en acier (fig. 613) ;
il faut avoir soin de contrarier les coupures (fig. 614) ; ce
qui se passe, quant aux fuites, c'est que le piston est soumis d'un côté, à la pression d'introduction et, sur l'autre
face, à celle de l'échappement (fig. 615) ; au moment où la
vapeur arrive, elle pénètre dans la première cavité, mais

avec une certaine difficulté qui fait que la pression y est moindre ; de cette cavité elle passe dans la seconde où la pression a encore diminué ; et ainsi de suite, de sorte que, s'il y a assez d'anneaux, la pression ne sera plus à la dernière, que celle de l'échappement.

Le piston est parfois forgé avec sa tige (fig. 616) ; on comprend qu'il soit alors assez léger et puisse convenir à des moteurs à grande vitesse, il faut prendre le soin de tourner vers le bas la concavité de ce piston si l'on a affaire à une machine verticale.

L'assemblage du piston et de sa tige (ou de la manivelle quand la tige est supprimée) demande de grandes précautions (fig. 617, 618, 619, 620), car les efforts développés y sont parfois énormes.

Nous avons vu dans le second volume, à propos de l'alésage, que l'on comptait sur le fonctionnement du piston dans le cylindre pour terminer le rond absolu de ce dernier organe ; il faut dire cependant ici, pour compléter ces notions, que l'élasticité des garnitures métalliques n'est pas toujours en jeu au même degré pendant la marche ; c'est surtout au début qu'elle intervient, puisque la surface du cylindre n'a pas une figure exactement géométrique ; il arrive même que la section n'est pas un cercle et que les excentricités varient dans la longueur de la course.

Dans ces conditions, les frottements se produisent sur les points les moins éloignés l'un de l'autre, bientôt les surfaces se régularisent et les réactions élastiques des garnitures perdent de leur importance ; on reconnaît que le rodage est complet à l'inspection des parois qui prennent alors un beau poli qui a plutôt l'aspect du bruni.

Dans le cas contraire, on a des surfaces moins nettes et les parties qui ne portent pas sont marquées de taches pleines de cambouis ; quand les choses en sont à ce point, la garniture frotte sans appuyer ; on peut mettre alors des

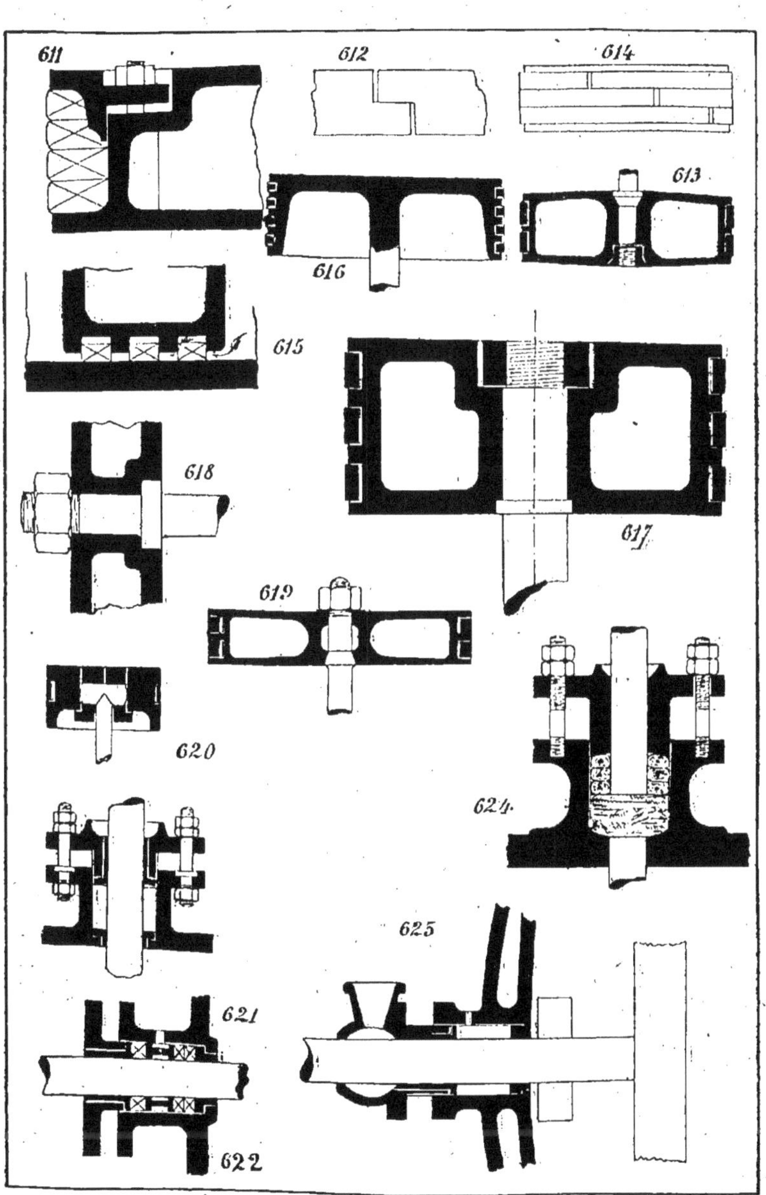

Fig. 611 à 624.

coins métalliques dans la fente de la garniture et l'on a un piston qui se moule exactement sur la forme du cylindre.

Presse-étoupes. — La tige du piston traverse le couvercle ou le fond du cylindre par un presse-étoupes muni d'une garniture dont le graissage doit être particulièrement soigné ; le grain appuie par refoulement la garniture contre la tige.

C'est généralement (fig. 621) une bague en bronze faisant le fond du presse-étoupes ; il faut procéder avec grand soin à l'ajustage de ce grain, car, s'il y a trop de jeu, la garniture passe entre les deux et est coupée.

Dans les machines horizontales, on facilite le graissage en interposant (fig. 622) une bague métallique percée de trous entre les garnitures ; elle forme réservoir annulaire d'huile ou de graisse consistante et on la complète quelquefois par un appendice (fig. 623).

Les matières avec lesquelles se confectionnent les garnitures de presse-étoupes sont le coton ou le chanvre tressés avec ou sans talc ; certaines toiles en coton, chanvre ou amiante ; on fait des tresses d'amiante pur, filé depuis le centre, ne contenant aucune matière végétale susceptible de rayer la tige ; ces tresses sont rondes ou carrées mais les premières sont préférables.

Le mode d'emploi de la garniture d'amiante (fig. 624) est le suivant : on choisit une tresse d'un cinquième environ plus grosse que la capacité de la boîte à étoupes, afin d'être obligé d'aplatir la garniture pour qu'elle y entre ; on enduit cette tresse de lubrifiant (il existe dans ce but des graisses antifrictions spéciales) et on la coupe en bagues proportionnées au contour, en observant que la compression allongera légèrement le développement.

Avant de les introduire en place, on trempe quelques instants les anneaux dans une huile minérale très grasse qui ne se saponifie pas à l'intérieur de la garniture ; on remplit la boîte à étoupes en se servant d'un coin en bois et il faut prendre la précaution de ne pas exagérer le serrage ; on recharge de temps en temps avec de nouvelles tresses.

Machine Compound. — Le genre de moteur que nous allons décrire a eu comme devancier immédiat la machine de Woolf qui, dès l'origine, employa la détente pour supprimer certaines difficultés qui se présentaient relativement aux distributeurs ; le cylindre unique fut remplacé par deux cylindres où les pistons se mouvaient parallèlement et commandaient un balancier ; le grand cylindre conduisait les points extrêmes du balancier ; une conduite spéciale établissait la communication du dessus du petit piston au-dessous du grand et une autre partait au-dessus du grand cylindre pour aboutir au-dessous du petit.

De cette façon, le grand cylindre constituait un cylindre détendeur ; mais cette machine est encombrante et presque immédiatement s'y est substituée la machine Compound (la traduction de ce mot anglais est préparateur, parce qu'en effet, l'introduction au petit cylindre à haute pression n'y fait que préparer la détente totale à laquelle on soumettra le volume de vapeur introduit).

Par suite de ce qui a été dit en *Mécanique générale* sur la composition des efforts transmis par deux cylindres à la fois, on peut juger que les Compound amènent une bien meilleure répartition du travail sur les pistons et qu'en outre il y a moins de variation dans la quantité que l'on recueille pour une révolution complète.

Aujourd'hui les machines compound et leurs dérivées, les machines à multiple expansion, sont surtout employées en navigation ; mais leur application dans les locomotives et les moteurs fixes prouve bien qu'elles fonctionnent avec économie et ne nécessitent pas une surveillance et un entretien exagérés; il est donc judicieux, dans cet ouvrage, de donner les détails complets d'une machine fixe qui, avec quelques modifications très peu importantes, conviendrait de toutes pièces aux moteurs de marine.

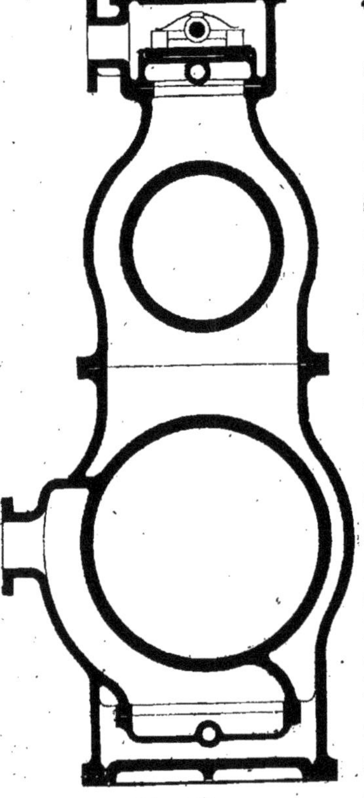

Fig. 625.

L'appareil se compose de deux cylindres de dimensions différentes (fig. 625), actionnant deux manivelles exactement calées à 90 degrés; la vapeur est introduite dans le premier cylindre, dit à haute pression, où l'on pratique déjà la détente; elle est ensuite envoyée dans le second où cette détente achève de s'opérer.

Il est cependant à remarquer qu'en raison du calage des manivelles de l'arbre principal, l'échappement du premier cylindre se produit au moment où le cylindre basse pression (ou BP) n'est pas dans la situation appropriée pour recevoir directement l'effet de la vapeur qui a effectué son travail dans le cylindre haute pression (ou HP).

Pour résoudre cette difficulté, la vapeur d'échappement du HP est recueillie dans un réservoir intermédiaire; puis, au moment propice, ce réservoir alimente le cylindre BP, à peu près dans les mêmes conditions où le ferait une chaudière.

Il s'établit donc bientôt, dans ce réservoir, une pression
de régime qui constitue, naturellement, la contre-pression
pour le cylindre HP et, en même temps, la pression initiale
pour BP ; à condition que le réservoir intermédiaire ait une
capacité suffisante, sa pression de régime n'éprouvera donc
pas de changement sensible pendant un demi-tour.

Un procédé qui contribue encore à rendre ces machines

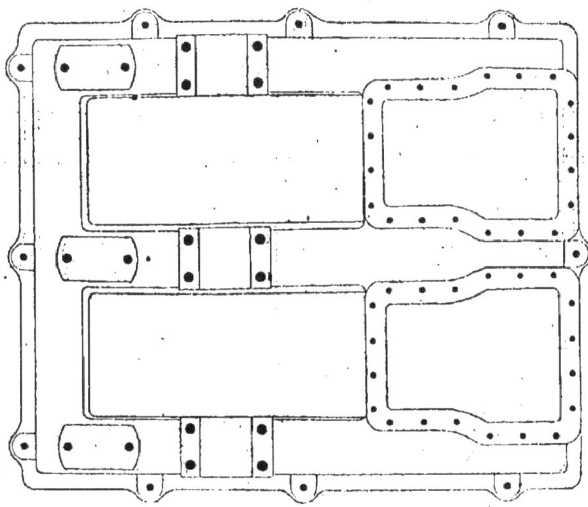

Fig. 626.

économiques consiste à faire usage du condenseur ; c'est
pourquoi nous supposerons adjoint cet appareil à la machine verticale prise comme type de machine à pilon.

Les formes générales du moteur sont celles-ci : une
plaque d'assise générale en fonte à hautes nervures (fig. 626
et 627) sur laquelle sont boulonnés tous les organes actifs
ou accessoires de la machine ; les portées inférieures des
paliers sont venues de fonte avec cette semelle qui est, en
outre, munie de passages correspondant aux colonnes de

support des cylindres supérieurs ; du côté opposé à ces colonnes existent des cordons d'ajustage recevant le bâti proprement dit, sorte de récipient dans lequel se loge le condenseur (dont il sera parlé dans un instant).

Le profil du bâti est conformé de façon à servir de soutien aux glissières dés tiges de pistons ; en haut le bâti est réuni aux cylindres et porte, si besoin, les consoles de la galerie d'accès aux cylindres. Avec la pièce importante qu'est le bâti, sont encore venus de fonte les corps de

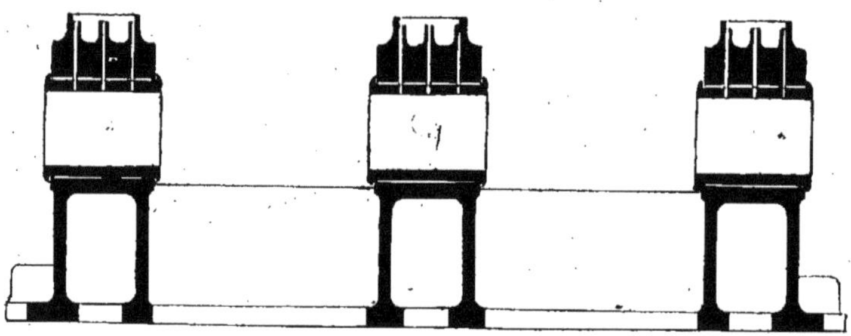

Fig. 627.

pompe à air et de circulation d'eau froide au condenseur.

La commande de la distribution se fait par des excentriques calés aux extrémités de l'arbre; il y en a deux pour le tiroir Haute Pression et un seul pour celui à Basse Pression ; afin que l'on puisse provoquer la rotation des machines marines dans les deux sens, il y a ordinairement deux excentriques pour un même tiroir, l'un commandant la marche en avant et l'autre la marche arrière.

Les barres des excentriques se terminent (fig. 628) sur une coulisse à laquelle on donne un mouvement de déplacement par des bielles et des leviers actionnés par l'écrou d'une vis fixe à pas très rapide et à plusieurs filets ; sur la tête de cette vis est un volant de manœuvre. Mais sur les

machines d'atelier, dont le sens est invariable, il n'est pas
besoin de ce mécanisme.

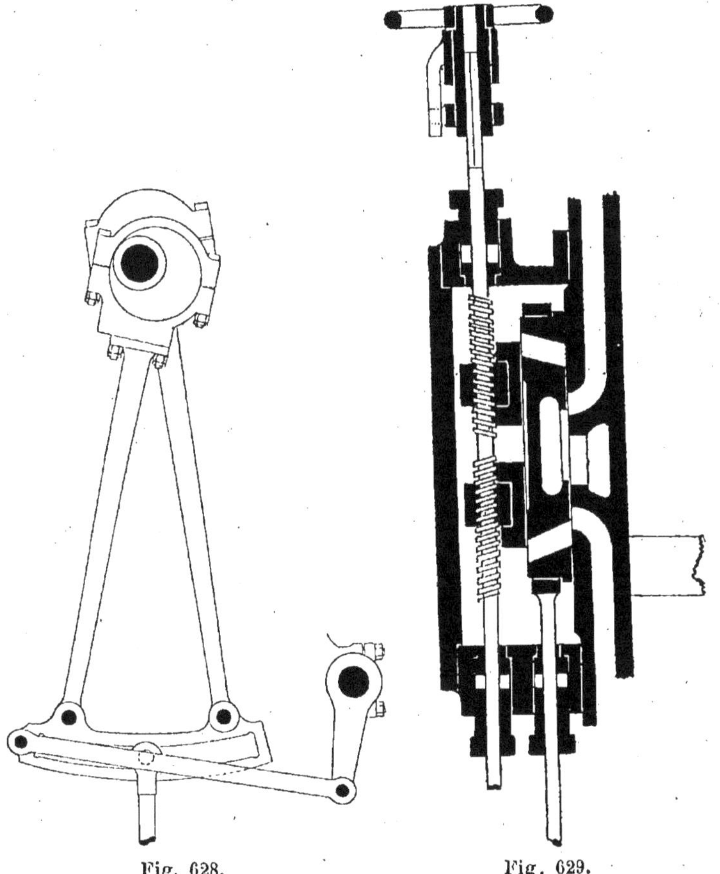

Fig. 628.   Fig. 629.

Le tiroir HP contient ici les organes nécessaires pour
faire une détente variable à la main au moyen d'un distributeur Mayer et le régulateur influence une valve supplémentaire d'accès de vapeur aux tiroirs.

La *détente Mayer* (fig. 629) est formée d'un tiroir plan ordinaire, possédant des orifices d'admission percés de part en part et sur le dos duquel se meuvent des barrettes transversales augmentant ou diminuant la période d'introduction selon la position que leur donne un second excentrique ; ces barrettes sont façonnées en écrous à filets inverses pour se rapprocher ou s'écarter selon que l'on tourne la tige filetée à droite ou à gauche.

Celle-ci participe, bien entendu, du mouvement de montée et de descente et elle est terminée en section carrée à l'extrémité sortant du presse-étoupes ; elle peut donc subir l'impulsion qu'on lui donne, circulairement, par un volant supporté par une arcade fixe.

La vapeur passe ainsi, dans de certaines conditions, de la boîte à vapeur sur la face du piston correspondant aux lumières découvertes ; après y avoir produit son effet, elle revient par les canaux du cylindre et trouve ouverte l'évacuation vers le cylindre BP.

En raison de ce qui a été dit, sur la non concordance des manivelles, elle remplit le réservoir intermédiaire et la boîte à tiroir du cylindre détendeur où elle fonctionne comme on le sait avant de gagner le condenseur.

L'eau de circulation est envoyée dans les tubes de ce dernier appareil par une pompe dont la tige est mue par un balancier relié par des biellettes d'une part à la tige de pompe et d'autre part à la crosse de la tige de piston.

De même la pompe à air (fig. 590) est actionnée par un système analogue appartenant à l'autre piston ; ces deux pompes, à simple effet, ont des clapets de caoutchouc maintenus par des sortes de grilles en bronze.

Les premières machines à condensation étaient souvent corrodées sous l'influence des acides gras qui résultaient des lubrifiants ; l'eau du condenseur était, en effet, toujours la même et les substances grasses, qui sont neutres ou à peu près lors de leur emploi, se décomposent en produits acides qui se rendent dans la chaudière et y forment de pernicieuses incrustations.

Cylindre Cockerill. — Avant de parler des locomobiles et des machines demi-fixes, il est bon de citer la disposition que cette usine a adoptée pour supprimer les or-

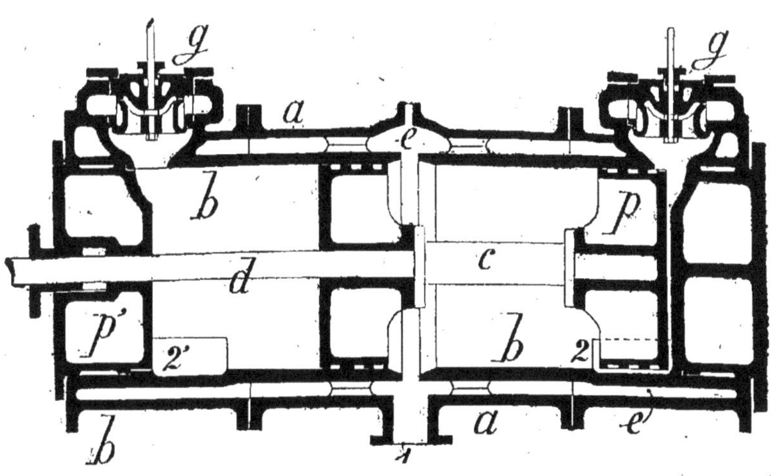

Fig. 630.

ganes d'admission de vapeur; le système Cockerill permet un emploi avantageux de la vapeur ayant de fortes pressions initiales et devant subir une grande détente.

Dérivé des cylindres de Moteurs à gaz, spéciaux à ces constructeurs et qui seront décrits (volume VII), l'ensemble du cylindre est constitué, en principe, par deux fourreaux non jointifs en prolongement l'un de l'autre, entourés d'une chemise dont la capacité est remplie par la vapeur émanant de la chaudière, et dans lesquels se meuvent deux pistons ayant le même axe et une distance invariable.

Ainsi (fig. 630-631) l'enveloppe extérieure a est mise en communication avec la chaudière par la tubulure *1* et cela de façon permanente; sur cette chemise sont boulonnés, à chaque extrémité, des cylindres b à doubles parois concentriques, celle de plus petit diamètre formant fourreau où se meuvent les pistons p et p'; ceux-ci, comme le piston dit suédois, sont creux, c'est-à-dire que la vapeur a accès dans toute la partie concave. Ces pistons sont reliés de façon absolue par une tige entretoise c qui se prolonge par la tige proprement dite d de la machine.

Entre les fourreaux b se trouve un espace vide e en communication constante avec la vapeur affluente et, par conséquent, avec la capacité comprise entre l'enveloppe extérieure a et la paroi externe des cylindres b, capacité qui constitue la chemise protectrice de vapeur.

Par cet agencement, il est naturel que les cylindres puissent se dilater librement et la vapeur peut toujours passer librement de l'enveloppe extérieure dans le vide formé par l'intervalle des deux pistons. Les faces des pistons p, p' dirigées l'une vers l'autre sont soumises d'une façon égale à la pression de la vapeur d'admission, et, dans ces conditions, il y a équilibre dans les efforts s'exerçant sur les faces de ces pistons; tout le cylindre constant qu'elles forment est à la pression du générateur.

A proximité de chaque fond des cylindres, il existe des passages *2*, *2'* occupant (fig. 631) une certaine fraction de la circonférence intérieure du cylindre respectif et dont la longueur, selon une génératrice, est un peu plus grande que l'épaisseur du piston. Par conséquent, en supposant un piston à fin de course (fig. 630), on peut remarquer que la vapeur a issue d'une face interne à la face externe, c'est-à-dire qu'elle peut passer de l'espace en pression compris entre p et p' sur la face arrière au piston arrivé à l'extrémité de sa course.

L'introduction de vapeur n'a pas lieu autrement derrière
le piston, paroi arrière qui est la face de travail où agit la
vapeur ; l'admission commence, en conséquence, lorsque le
piston, dans sa course rétrograde, vient à découvrir la
lumière circulaire pratiquée vers le fond du cylindre, soit 2
soit $2'$; elle se continue pendant le temps que le piston va à
la fin de sa course et revient en avant, pour être interrom-

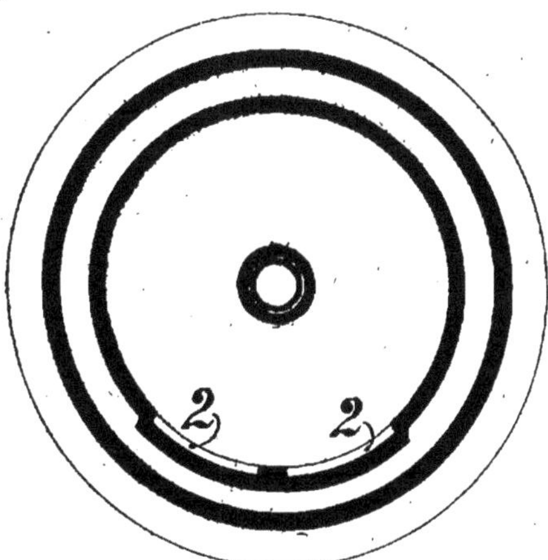

Fig. 631.

pue au moment où la paroi du piston obture l'un des deux
passages 2 ou $2'$.

Avec ce système, l'admission est, en quelque sorte, de
même valeur que l'avance linéaire à l'admission ; les intro-
ductions sont brèves et nettes, ce qui est compatible avec
les grandes détentes ; la vapeur ne se détend et elle n'est
expulsée que sur les faces opposées du piston.

Enfin cette disposition donne, aux surfaces qui con-
courrent au réchauffement de la vapeur évoluante, un très
grand développement, ce qui est encore une condition

importante pour l'emploi avantageux des détentes prolongées.

L'échappement de la vapeur se fait par un dispositif quelconque, par exemple au moyen d'un système à soupape g, que l'on place, au contraire de la figure, en dessous du cylindre ; la régularisation peut être produite soit par l'étranglement de la vapeur admise, soit par le réglage de la durée de l'échappement, ce qui fait varier le travail absorbé lors de la compression.

Locomobiles et machines mi-fixes. — Il existe de nombreuses variantes de ces moteurs et cependant leur type général est dérivé de celui des machines locomotives; il est assez uniforme ; on peut toutefois diviser les *locomobiles* proprement dites en deux catégories : celles qui sont destinées aux travaux agricoles qui ne fournissent qu'une puissance modérée et celles qui servent dans les manufactures.

Les premières, de 5 à 10 chevaux, devant circuler par des chemins plus ou moins praticables, sont ordinairement assujetties à peser peu ; pour cela, il convient de réduire les mécanismes autant que l'on peut, d'autant plus qu'elles sont fréquemment mises en service sans le concours du mécanicien.

Quant aux autres, pour les travaux publics par exemple, dont la fonction permet de ne les faire passer que sur de bonnes routes et seulement de loin en loin, on les munit de mécanismes et d'organes moins rudimentaires ; leur puissance va jusqu'à 30 chevaux.

La chaudière est du type tubulaire, avec ou sans retour de flamme, mais la boîte à fumée n'est pas entourée d'eau, dans ce dernier cas ; au contraire la boîte à feu est à double enveloppe, avec entretoises de consolidation ; les tubes sont d'assez fort diamètre, à cause du tirage qui n'est pas très actif. Sous le cendrier, il faut avoir grand soin de disposer une tôle pour éviter les risques d'incendie.

La machine motrice est entièrement portée par la chaudière : tantôt on place une sorte de plaque de fondation, servant de manteau et dont la jonction avec la chaudière n'est pas absolument rigide ; on ovalise les trous pour contrebalancer les effets des dilatations différentes ; d'autres fois aussi la machine est fixée sans embase sur les tôles de la chaudière, mais c'est une combinaison à éviter.

La qualité des eaux employées est souvent une cause de dépôts dans ce type de machines; aussi a-t-on imaginé, pour parer aux inconvénients des incrustations dans le générateur et sur les tubes en particulier, les foyers amovibles ; dans ce système, la chaudière est entièrement cylindrique et à foyer intérieur excentré ; les gaz formés sur la grille passent dans la boîte à feu arrière et circulent dans les tubes dans leur retour vers l'avant ; cet ensemble est porté par un joint de tête que l'on peut démonter pour nettoyer les tubes et le corps cylindrique ; la cheminée, dans cette disposition, est au-dessus du foyer.

Si on enlève les roues à une locomobile et qu'on la boulonne sur une plaque de fondation ou qu'on l'assoie sur un massif de maçonnerie, on obtient une machine mi-fixe qui ne diffère, par conséquent, des engins ci-dessus que par la puissance qu'elle peut produire, puissance beaucoup plus grande et qui atteint 50 chevaux.

Il est alors possible de munir ces mi-fixes de distributeurs perfectionnés, de condenseurs et autres organes les rendant beaucoup plus économiques, quant à leur fonctionnement.

Le moteur même n'est pas toujours placé à la partie supérieure ; selon les idées particulières à chaque constructeur, les chaudières ont été disposées à axe horizontal, ou à axe vertical, ou encore le foyer était placé dans une partie verticale se jonctionnant avec un corps horizontal. La machine peut être placée sur le côté ou en tout autre endroit, par exemple à la base même du générateur, ce qui est une bonne condition pour la stabilité.

On peut se demander quel est le plus économique, comme prix d'achat, d'une machine fixe ou d'une machine demi-fixe, dans les puissances permises à celles-ci ; si l'on compte, pour comparer, les divers éléments qui interviennent pour cet examen : chaudières et moteurs, fondations, fourneaux et cheminée, ainsi que les appareils de rechange ou de secours, on voit que les mi-fixes coûtent moins cher, tout en présentant un rendement aussi économique.

CHAPITRE IV

TURBO-MOTEURS

Passant sous silence la catégorie des machines rotatives, dont le fonctionnement devient toujours défectueux après quelque durée, il reste à parler des machines à vapeur, ou à autre fluide, tout récemment entrées dans le domaine de la pratique sous le nom de *turbines* ou de *turbo-moteurs*.

En raison des services que ces appareils nous paraissent appelés à rendre dans beaucoup de cas spéciaux, l'électricité et la navigation notamment, et du peu d'encombrement que nécessite leur installation, il ne nous est pas possible d'en laisser ignorer les éléments au lecteur; néanmoins il ne faudrait pas croire que ces engins aient reçu la consécration absolue de l'expérience ; tous les jours ils sont perfectionnés et il y a lieu d'espérer que les recherches auxquelles ils sont soumis nous doteront d'appareils remarquables.

Le principe sur lequel ils sont basés est, en un mot, le même que celui de la sirène antique décrite, dans les livres de physique, sous le nom de roue à réaction de Héron d'Alexandrie et qui consiste en un tuyau soutenu sur son axe par le centre ; ce tube porte à chacune de ses extrémités, un trou oblique pratiqué sur les parois opposées ; c'est d'ailleurs aussi sur cette disposition que sont établies les turbines, que nous étudierons dans le volume *Hydraulique*, ainsi que les fontaines tournantes, qui lancent des jets d'eau dans un certain sens, alors qu'elles-mêmes tournent en sens inverse.

Il n'y a de différence, comme on le verra plus loin, qu'à cause des densités des fluides que l'on utilise puisque, dans les engins que nous prenons comme terme de comparaison, c'est la pression d'un liquide qui fournit l'impulsion, tandis que dans les turbo-moteurs, c'est celle d'un gaz ou de la vapeur.

La théorie de la machine est donc celle-ci : si un tuyau est supporté par son axe et libre de s'y mouvoir par rotation seulement et qu'on le suppose rempli de vapeur à haute pression, il demeurera en repos s'il ne possède pas d'ouverture par où le fluide puisse s'échapper, car dans ces conditions la vapeur presserait sur d'égales surfaces en toutes directions et les efforts s'annuleraient réciproquement à l'intérieur du tuyau. Mais si, au contraire, nous pratiquons une ouverture sur un côté, il existera une moindre surface sur cette paroi sur laquelle la résistance s'exerce et, dès lors, la pression sur la paroi opposée obligera le tuyau à tourner par appui ou réaction sur l'espace ambiant ; on pratique ordinairement cette ouverture latérale à l'extrémité opposée à l'axe que nous avons admis en porte-à-faux ; mais, pour les besoins de la démonstration, il est préférable de se reporter à la figure 632 où l'on voit plus nettement l'action du fluide s'échappant à l'extérieur du tambour et son effet sur l'axe.

Ce tuyau, en outre, donnerait un bien meilleur travail si l'échappement était contrarié par un second tambour fixe placé en regard de lui et ayant le même axe ; conformément à la théorie de l'écoulement des fluides, si l'ouverture a

1 centimètre carré de surface et que la pression intérieure
soit de 6 kilogrammes, on devrait avoir 6 kilogrammes de
pression forçant le tuyau à tourner ; mais ceci, cependant,
n'a pas complètement lieu, car, à l'extrémité de l'ouverture
d'échappement, la pression tombe immédiatement à celle
de l'atmosphère et il faut compter sur une certaine résis-

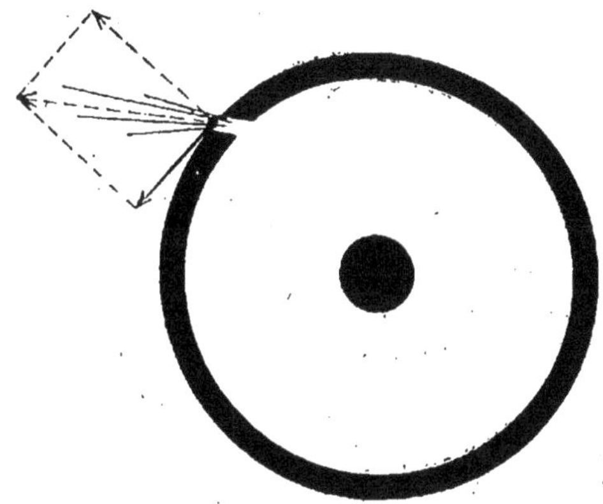

Fig. 632.

tance dans l'orifice même au travers duquel se déploie la
pleine pression qui pousse la machine.

Quoi qu'il en soit, il est permis de considérer le moteur
de principe comme une machine à vapeur ordinaire travail-
lant avec un cylindre fermé à un bout et la résistance à la
sortie de la vapeur peut être prise comme mesure de sa
force sur le fond du tuyau.

Énergie cinétique des turbines. — A l'inverse de ce
qui se passe dans les machines à vapeur, la pression communiquée dans la chaudière n'est pas utilisée directement
pour produire le travail ; cette pression anime d'abord le
fluide d'une vitesse considérable et, par suite, en raison de

ce qui a été dit en mécanique générale, d'une force vive (mv^2) qui seule, intervient.

En égard aux turbines hydrauliques, où c'est également cette notion de masse combinée à la vitesse qui sert de base aux calculs, il faut remarquer que la densité d'un fluide détendu est extrêmement faible et qu'il ne reste ici comme principal facteur que la vitesse.

Celle-ci est proportionnelle à la pression; si, en effet, nous désignons par :

V = vitesse de la vapeur ;

P = pression initiale, qui provoque l'écoulement ;

p = pression finale (au condenseur, par exemple) ;

Q = volume à la pression P ;

La formule générale nous fournit une expression de :

$$\frac{V^2}{2g} = \text{Intégrale } pdQ,$$

entre les pressions P et p ; le débit, en poids par seconde :

$$I = \delta SV ;$$

δ = densité ;

S = section de l'ajutage ;

V = vitesse.

Pour un liquide, δ est constant et V est inversement proportionnel à S, dans le cas d'un même débit; alors que, pour la vapeur, δ varie avec la pression et V augmente si p diminue; en résumé, pour une détente donnée $\frac{p}{P}$, il y a pour δV un maximum correspondant à :

$$\frac{p}{P} = 0.58.$$

La consommation de vapeur en kilogrammes par cheval-heure a été indiquée par M. Rateau comme pouvant être calculée par la formule :

$$K = 0,85 + \frac{6.95 - 0.92 \log. P}{\log. P - \log. p}.$$

Connaissant K, on se sert, pour estimer la vitesse de l'expression :

$$\text{Vitesse} = 100^m \sqrt{\frac{530}{K}}$$

Pour donner l'idée de ce qu'elle peut atteindre, disons que la vapeur, sous une pression de 4 kilogrammes, qui s'échappe dans l'atmosphère, a une vitesse de 735 mètres par seconde ; dans le cas où elle s'écoulerait dans un condenseur ayant un vide ordinaire, cette vitesse serait de 1.000 à 1.100 mètres.

Lorsque la vapeur est détendue à son arrivée sur les aubages de la turbine, c'est la quantité de mouvement (voir *Mécanique générale*) qui se communique aux mécanismes et on combine alors la vitesse absolue de la vapeur avec la vitesse du moteur.

Fonctionnement des turbines. — Il faut établir une distinction entre les machines où, utilisant la puissance vive de la vapeur après l'avoir détendue convenablement, on fait passer le fluide sur une ou plusieurs roues ; lorsqu'il circule dans une seule boîte élémentaire, on atteint des vitesses périphériques énormes, comme dans la turbine de *Laval* qui sera étudiée tout à l'heure ; si l'on emploie des roues successives, dites à *détente multiple*, les difficultés de construction sont moindres, par le motif qu'il n'y est plus nécessaire de faire appel à des combinaisons d'engrenages réducteurs de vitesse.

Conformément à ce qui a été dit dans le volume *Méca-*

nique (page 96), la force vive se compare au travail ; si la vapeur acquiert de la force vive par sa détente dans un milieu à plus faible pression, c'est qu'il y a déjà du travail produit pour lui transmettre sa vitesse correspondante et elle pourra, réciproquement, fournir l'énergie nécessaire pour actionner les aubes d'une roue, à la façon de l'eau dans une turbine hydraulique.

Le jet de vapeur agirait donc comme sur une roue à aubes (fig. 633) au droit de laquelle elle serait amenée par un ou plusieurs ajutages *a* ; il entre dans le récepteur *r* (supposé en marche normale) et suit la paroi des aubages, tracés pour mettre à profit la vitesse relative résultant de la vitesse initiale d'introduction et pour produire, par conséquent, le travail moteur ; puis la vapeur s'échappe à l'extrémité des aubes, avec une vitesse plus ou moins considérable, eu égard non seulement aux conditions de cette évacuation, mais au profil approprié des aubes.

L'anneau qui porte les aubages est monté sur un arbre et le tout est enfermé dans une boîte de forme convenable, avec le moindre jeu possible, sur laquelle est disposée la tubulure d'échappement et, s'il y a lieu, des conduits de distribution de la vapeur dont il est possible d'augmenter ou de réduire la section pour parer aux variations du travail résistant.

Dans le cas d'une seule boîte élémentaire, telle que celle du modèle ci-dessus, il y a une énorme vitesse à utiliser, 15 à 20.000 tours par minute, et cela n'est pas sans présenter des inconvénients graves pour la plupart des applications ; on s'est donc préoccupé d'utiliser dans la plus large mesure l'énergie cinétique développée par l'écoulement de la vapeur en détente, tout en réduisant la vitesse de rotation des turbines.

On fait agir le fluide, successivement, dans deux roues pouvant tourner en sens contraires ; alors la vapeur, après avoir travaillé dans la première roue, passe dans la seconde sans transition de réservoir intermédiaire et en ressort à pression équivalente ; mais la chute de pression a toutefois été moins brusque et ces systèmes de turbine offrent l'avantage de permettre la réduction du nombre de tours.

Mais ils présentent, par contre, l'inconvénient que les forces qui s'exercent sur chaque roue diffèrent sensiblement ; en outre, de même que dans une turbine à une seule roue, établie dans des conditions normales, les tuyères sont soumises à une réaction que l'enveloppe doit absorber, le moment de rotation se fait néanmoins sentir si l'on n'oppose pas les tuyères les unes aux autres.

On doit également se préoccuper du changement de pression subi par la vapeur sous l'effet de la force centrifuge prenant naissance dans les aubes lors du renversement du sens de circulation de la vapeur ; c'est un fait établi que la tension de la vapeur atteint, en certaines circonstances, plusieurs atmosphères dans les augets de la roue mobile de la turbine et cela provoque des dispersions considérables lors du passage de la vapeur d'une aube à l'autre.

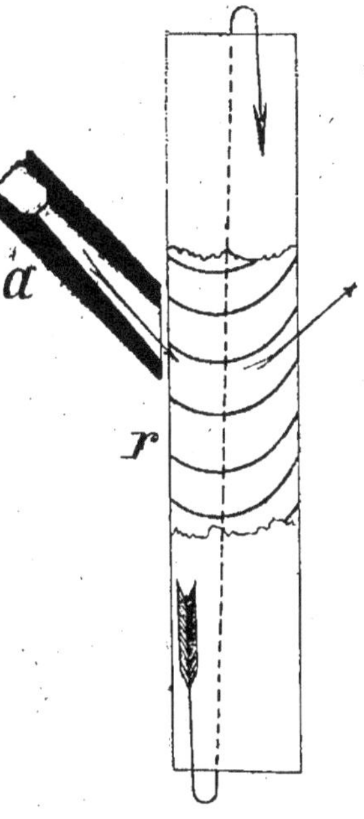

Fig. 633.

Avantages des turbines à vapeur. — Cet appareil, étant extrêmement simple dans sa constitution, est non seulement économique, mais il n'est exposé qu'à des frottements trèsréduits qui sont ceux s'exerçant sur les tourillons ; si on le compare aux machines à vapeur à pistons animés d'un mouvement alternatif, on remarque qu'il ne comporte pas les pertes que celles-ci subissent du fait des variations de température des parois en contact, successivement, avec de la vapeur d'abord à haute pression, puis à celle de l'échappement ; la température intérieure y est constante, de sorte que la chaleur ne se disperse que par rayonnement ou par contact, ce qu'il est aisé de contrebalancer.

La turbine convient parfaitement à l'emploi des hautes pressions, que l'on a reconnu comme améliorant notablement le rendement des moteurs à vapeur, et sa rapidité n'a pour extrême limite que la résistance des matériaux dont on la confectionne ; il y a cependant à prendre quelques précautions dans le montage d'organes fonctionnant à des vitesses dont on a peu l'habitude ; nous en aurons un exemple dans le dispositif de Laval.

Du fait de sa simplicité, la turbine a encore l'avantage de bien supporter l'excès de température de la vapeur surchauffée ; il n'y a, pour ainsi dire, pas de parties frottantes susceptibles de se dilater inopinément et l'on n'atteint d'ailleurs jamais le nombre de degrés où la résistance des matériaux pourrait diminuer.

La surchauffe bien comprise n'a pas pour but ici d'éviter les condensations qui ont lieu dans les cylindres ordinaires, mais de réduire le frottement dans les aubes, en éliminant de la sorte l'eau contenue dans la vapeur.

Enfin le mécanisme est réduit à sa plus simple expression, sans piston, manivelle, tiroirs et autres qui nécessitent un emplacement et un poids tout à fait hors de proportions avec ce qu'exigent les turbines ; les fondations sont insignifiantes ; la vitesse n'éprouve pas de variations appréciables ; les consommations, ainsi que nous le verrons, ne sont guère plus élevées que dans les moteurs à piston alternatif; l'entretien et le démontage y sont généralement des plus faciles; quant à la marche, elle se fait en silence et sans trépidations.

Pour que le lecteur ait une idée plus complète de ce genre de moteur, nous entrerons dans les détails d'exécution de deux genres de turbines, la turbine de Laval et la turbine compound, dans laquelle l'écoulement de la vapeur se produit entre deux récipients dont les pressions sont peu différentes et, par conséquent, sous une vitesse modérée.

Une série de turbines pourraient être étagées à la suite l'une de l'autre, chacune d'elles recevant le fluide du réservoir intermédiaire d'amont pour le transmettre, après travail et dépression au réservoir d'aval ; de la sorte, la pression va en décroissant d'étage en étage et les vitesses sont réduites à 2 ou 3.000 tours par minute.

Turbine de Laval. — Dans cet engin, au lieu d'utiliser la pression de la vapeur introduite sur les aubes, on ne fait strictement agir que la force vive du fluide en le détendant préalablement avant son entrée dans la roue réceptrice ; l'expansion s'est produite avant l'arrivée à l'extrémité de l'orifice de distribution et à la suite de la valve de commande. De la sorte, les pressions sont égales dans le distributeur et dans le récepteur ; seule la vitesse intervient donc.

L'accès du fluide sur la roue à aubes se fait au moyen de distributeurs légèrement inclinés sur le plan de rotation du récepteur (fig. 634) ; la vapeur entre sur une des faces pour ressortir par le côté opposé et l'anneau qui supporte les aubes est fondu avec un disque dont le moyeu est claveté sur un arbre en acier (fig. 635); des coussinets supportent l'arbre vers ses extrémités ; le bâti est disposé pour recevoir les ajutages de distribution, répartis sur une enveloppe générale, qui détendent et dirigent le jet de vapeur; l'échappement se fait dans une boîte, à l'opposé.

Sur l'arbre moteur, se trouvent deux pignons à dentures inverses en chevrons, annulant les efforts longitudinaux, engrenant avec deux roues dentées correspondantes; tout ceci pour obtenir la réduction de la vitesse dans la proportion voulue.

L'arbre secondaire porte un régulateur spécial à force centrifuge (fig. 636 à 639), qui agit sur la soupape d'admission; ainsi que la poulie extérieure de transmission, cet arbre tourne dans des coussinets à anneau de graissage.

La vapeur qui a traversé la valve de commande, se répartit dans plusieurs ajutages (fig. 634) en nombre variable, mais pair, disposés, comme nous l'avons dit, sur le couvercle amont; elle arrive par a et peut être plus ou moins étranglée par les valves à pointeau b qu'un petit volant extérieur c fait avancer ou reculer; on provoque, de cette façon, une variation de la puissance motrice, et on remarquera que chaque conduit est indépendant.

De son côté, le régulateur qui intercepte plus ou moins l'entrée du fluide dans la valve générale se compose (fig. 636 à 639) principalement de deux demi-cylindres qui, sous l'effet de la rotation, pivotent sur une arête ménagée sur le plan de leur base; chacun a un talon situé dans le même plan et transmet son action longitudinale à la tête d'une tige a dont l'autre extrémité appuie sur un levier relié à la soupape d'admission par l'intermédiaire d'une pointe.

La gaîne du régulateur b est calée sur l'arbre secondaire et porte un écrou qui est, en outre, fileté intérieurement pour recevoir le chapeau c, contre lequel bute le ressort antagoniste d.

Tout ce dispositif est spécialement étudié pour fonctionner aux énormes vitesses de la vapeur à son échappement

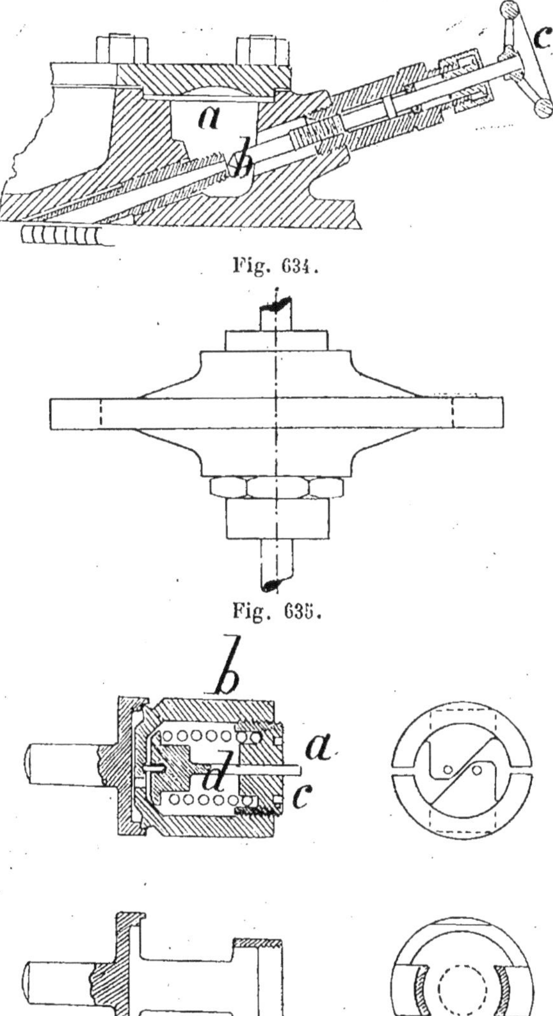

Fig. 634.

Fig. 635.

Fig. 636 à 639.

des ajutages ; selon le numéro des moteurs, la turbine réceptrice tourne, en effet, de 7.500 à 36.000 tours à la minute, ce qui correspond pour celle-ci à des vitesses circonférencielles de 200 à 400 mètres par seconde.

Il n'est donc pas surprenant qu'à ces limites extrêmes, l'effort élémentaire étant des plus minimes, l'arbre primaire n'ait qu'un diamètre de quelques millimètres, mais que, par contre, il y ait grandement lieu de se préoccuper de l'action de la force centrifuge ; l'arbre est essentiellement flexible et c'est de la position du récepteur par rapport aux coussinets de support, position répondant à des conditions gyrostatiques qu'il n'y a pas lieu de développer ici, que dépend le curieux phénomène observé : l'arbre flexible se redresse de lui-même, malgré un montage plus ou moins correct entraînant son excentricité au début du mouvement, et les frottements disparaissent ainsi que les vibrations initiales.

De ce que la vapeur arrive complètement détendue sur les aubages, malgré la haute pression à la chaudière, il en résulte que la pression est constante sur les faces du récepteur ; c'est pourquoi on laisse un jeu appréciable de 2 à 5 millimètres entre la roue et son enveloppe, de façon à éviter tout frottement entre ces parties ; enfin, du côté de l'échappement, la vapeur sort sans vitesse.

Le tracé des aubes est analogue à celui de certains moteurs hydrauliques, que nous verrons par la suite (*Hydraulique*) ; ce qui est essentiel c'est d'y éviter les chocs du fluide à l'entrée et que la vitesse de rotation du récepteur soit la même que la vitesse relative de sortie.

Pour en terminer avec cette machine, nous donnons ci-après plusieurs tableaux ; le premier est le résumé d'essais exécutés au frein sur une turbine de 300 chevaux fonctionnant à vapeur surchauffée. (*Bulletin de la Société des ingénieurs civils*.)

Nombre d'aju'ages.	Température de la vapeur.	Pression de la vapeur.	Vide dans la boîte de turbine.	Travail effectif.	Consommation par cheval.
	Degrés.	Kilogr.		Chevaux.	Kilogr.
7	»	»	»	30 7.8	6.33
6	225	13.8	702	259.0	6.56
5	227	13.8	700	249.9	6 44
4	225	13 8	702	175.0	6 48
3	219	13.4	707	123.3	6.68
2	199	13.8	713	75 2	7.72
1	198	15.0	725	31.9	9.66

Consommation de vapeur sèche par cheval et par heure, en kilogrammes.

PUISSANCE EN CHEVAUX EFFECTIFS		PRESSION D'ADMISSION EN KILOGRAMMES PAR CENTIMÈTRES CARRÉS				
		6	8	10	12	14
		Kilogr.	Kilogr.	Kilogr.	Kilogr.	Kilogr.
Echappement libre.	10 à 15	26.50	24 10	22.60	21 60	20 80
	20	24.80	22 60	21.10	20.20	19.50
	30	21.50	19.30	18 00	17.00	16.50
	50	20.00	18.00	16 60	16.00	15 00
	75	18.80	17.00	16 00	15.00	14.50
Échappement au condenseur.	15 à 20	16.20	15.60	15.00	14.75	14.45
	30	12.50	12.00	11 75	11 50	11 25
	50 à 75	10.20	9.70	9 40	9.00	8 75
	100 à 200	8.80	8.40	8.00	7.80	7.70
	300	8.30	7 90	7.50	7.40	7.30

Le second tableau est relatif aux consommations de vapeur de cette turbine par cheval effectif, c'est-à-dire constaté au frein et, par suite, disponible sur l'arbre secondaire;

il ne faut pas confondre cette puissance avec l'énergie des moteurs ordinaires généralement annoncée en chevaux indiqués, lesquels doivent subir la réduction correspondant au rendement ; ce rendement dépend essentiellement de la perfection avec laquelle les machines ont été exécutées.

Il est à remarquer quelle influence considérable la condensation possède en général dans ces turbines, et l'on peut constater, par comparaison entre les chiffres de ce tableau, que l'économie réalisée avec l'emploi du condenseur varie de 30 à 45 pour 100.

Dans le dernier tableau, nous indiquons l'encombrement de ce genre de machines ainsi que leur nombre de tours.

TYPE	ENCOMBREMENT EN :			Nombre de tours par minute.
	Longueur.	Largeur.	Hauteur.	
Chevaux.	Mètres.	Mètres.	Mètres.	
5	0.83	0.42	0.83	3.000
10	0.90	0.55	1.00	2.400
15	0.95	0.55	1.00	2.400
20	1.08	0.72	1.16	2.000
30	1.44	0.72	1.16	2.000
50	2.08	0.93	1.50	1.500
75	2.44	0.95	1.50	1.500
100	2.57	1.23	1.65	1.250
150	2.81	1.25	1.82	1.040
200	3.26	1.59	1.82	910
300	3.95	1.90	2.38	775

Turbine Parsons. — Les deux roues sont mobiles et tournent en sens inverse et en regard l'une de l'autre ; l'arbre est creux ; ici les aubes fixes sont remplacées par des aubages montés sur ces roues mobiles. Par conséquent

la turbine peut tourner tantôt en avant, tantôt en arrière,
grâce à des secteurs conduisant la vapeur à des ajutages
de diamètres différents ; la vitesse y est ainsi considérablement réduite et il est préférable que les vitesses des deux
roues réceptrices soient les mêmes.

Turbines Compound et à multiple expansion. —
Dans ce système de moteurs, on emploie la force vive de
la vapeur en mettant à profit, tantôt une détente simple,
tantôt des détentes successives d'une façon comparable à
ce qui se fait dans les machines à mouvement alternatif.

Parmi toutes les combinaisons mises à l'essai, il en
existe où la vapeur agit successivement sur des aubages de
roues tournant en sens opposés, ces récepteurs étant en
nombre plus ou moins grand, de façon à entrer à une
haute pression d'admission et à pousser la détente jusqu'à la limite correspondant à l'évacuation dans le condenseur.

Dans d'autres, le profil approprié des aubes permet, dès
l'entrée dans le récepteur, l'utilisation de la force vive de la
vapeur due à la pression d'introduction, puis, tout le long
de ces aubes, on récupère le travail résultant de l'énergie
décroissante du fluide pendant sa détente jusqu'à la sortie
de la roue.

Il est nécessaire que la dimension et le gabarit des aubes
tiennent compte de la pression à l'entrée, de l'augmentation de volume, de la diminution de la vitesse, aussi bien
que de la détente partielle et de la déviation qu'il convient
de donner à la veine motrice pour le meilleur rendement
entre son entrée et sa sortie ; ceci a lieu soit pour les turbines à récepteur élémentaire, soit pour celles en compound
ou multiple expansion.

Toutefois, dans ces dernières, chaque roue fonctionne
dans une atmosphère correspondant à la pression d'intro-

duction de la turbine d'aval et c'est la turbine la plus éloignée de l'admission qui tourne dans un milieu dont la pression est celle de l'air extérieur ou du condenseur, selon les cas.

Pour fixer les idées, prenons une turbine compound (fig. 640 à 643); elle se compose de deux roues réceptrices avec un réservoir intermédiaire de vapeur entre les deux; si l'on devait pratiquer un nombre plus grand d'expansions, il y aurait simplement un récipient entre chaque turbine. Les réservoirs intermédiaires peuvent être constitués :

1° Par la chambre dans laquelle tourne la turbine et par le tuyau qui relie cette chambre de vapeur à la boîte à vapeur de la turbine suivante;

2° Si on fait usage de la surchauffe pour le fluide- entre la sortie de l'une et son entrée dans l'autre, ce récipient intermédiaire est formé non seulement comme ci-dessus, mais il comprend en outre les tuyaux, le surchauffeur et les accessoires.

Quelle que soit la forme de la turbine : parallèle centripète, centrifuge, etc., ce dispositif est le même et la surchauffe peut y avoir lieu comme à l'ordinaire.

La turbine compound représentée ci-contre, se compose d'une tubulure de prise de vapeur sur la bride de laquelle la valve, équilibrée ou non, est fixée de façon à être sous l'influence du régulateur, de préférence, ou à être manœuvrée à la main, la machine fonctionne ainsi avec la possibilité d'augmenter ou de diminuer la dépense et même la pression de la vapeur, selon le travail à produire.

Une boîte de distribution de vapeur a dans laquelle se trouve fixé un distributeur de vapeur m, permet l'introduction dans la turbine à haute pression h; ce distributeur est agencé, sous le rapport de sa forme, de ses dimensions et de son inclinaison de façon à éviter toute perte de vitesse et à donner à la veine motrice la direction appropriée.

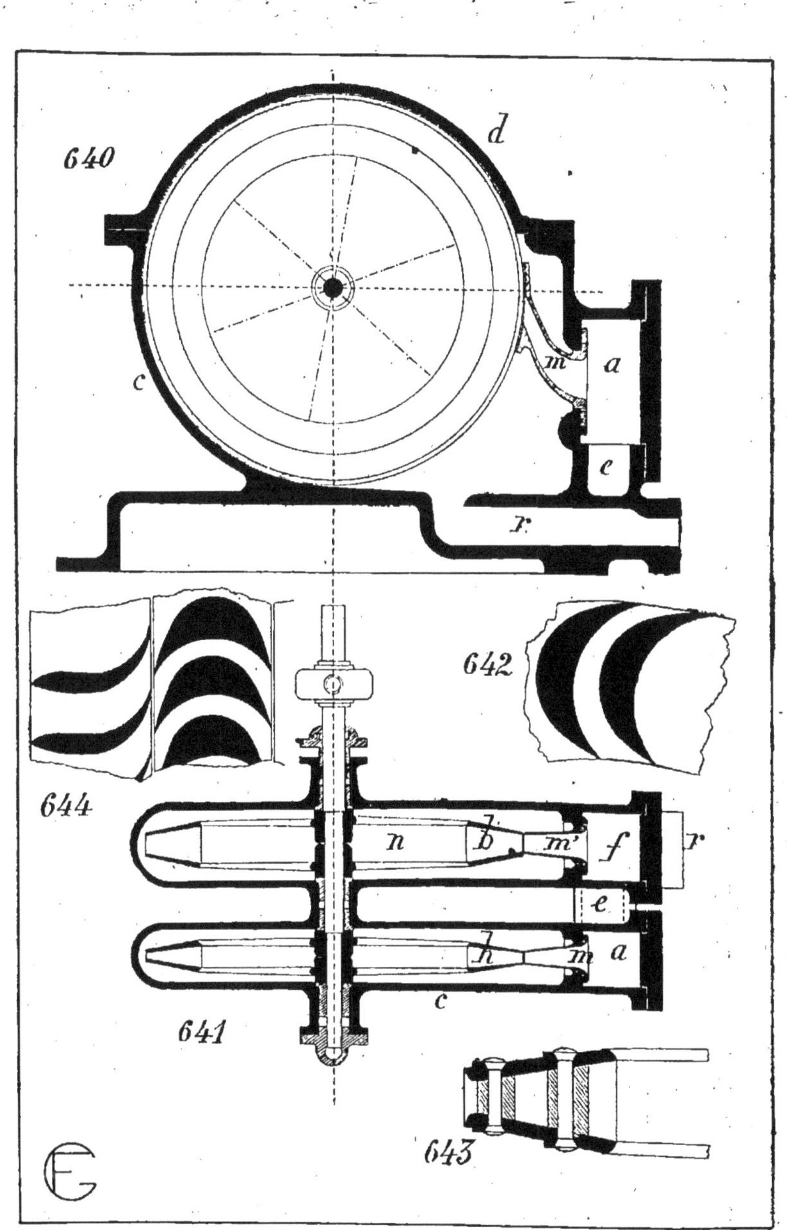

Fig. 640 à 644.

Ce premier récepteur est entouré d'une chambre *c* calculée pour résister à la pression qu'elle doit supporter ; ladite chambre possède un couvercle *d* que l'on peut démonter afin de pouvoir visiter la turbine et, selon besoin, de l'introduire dans sa chambre ou de l'en retirer.

Le type représenté est du genre dit centripète, où le fluide entre par l'extérieur pour sortir vers le centre : la longueur de l'aubage, selon le rayon, est déterminée pour présenter une surface d'action répondant au travail à effectuer et à la détente partielle ; à la sortie de cette aube, la vapeur est à la pression correspondant à la détente partielle qu'elle a subie dans la turbine à haute pression ; la tension de sortie est donc celle de la chambre dans laquelle tourne la turbine basse pression.

La vapeur se rend ensuite, par un conduit *e*, de la première chambre dans la boîte à vapeur *f* de la turbine basse pression *b* ; le réservoir intermédiaire est constitué, par conséquent par la chambre haute pression, par le conduit *e* et par la boîte *ef*.

Le récepteur basse pression est, ainsi que la roue haute pression, du type centripète ; le nombre de distributeurs *m* des deux turbines augmente, bien entendu, avec le travail total que doit fournir la machine ; la section de ces ajutages est fonction du travail à produire, de la pression d'introduction et de la détente partielle de la vapeur dans chaque turbine.

Pour les turbines à plusieurs distributeurs, la variation du travail peut s'obtenir par l'ouverture ou la fermeture des ajutages d'accès, mouvements qui peuvent être réalisés automatiquement, par le régulateur, ou à la main suivant les applications.

Les distributeurs de vapeur motrice recouvrent, en avant et en arrière de leur orifice, la couronne extérieure de la turbine (fig. 640), sur une certaine longueur ; le fluide, entrant dans la roue en se dirigeant vers l'axe, passe sur les aubes dont on voit le profil et la construction (fig. 642, 643) ; ces sections doivent constituer un canal de forme et de volume rationnels pour la réalisation de la meilleure utilisation de la vapeur, qui se détend partiellement dans son trajet. Elles vont en s'agrandissant.

Lorsque la vapeur quitte l'aubage de la roue à basse pression, elle remplit d'abord la capacité intérieure n de la chambre correspondante, puis s'échappe par le conduit r, soit dans l'atmosphère, soit au condenseur, soit même, si l'on désirait faire de la multiple expansion, sur d'autres roues possédant, chacune une chambre formant réservoir intermédiaire pour la turbine suivante.

On voit que, dans cet exemple, les roues tournent toutes dans le même sens ; il suffit de répartir également le travail total à produire, de telle sorte que chaque récepteur fournisse des quantités d'énergie motrice semblables.

La figure 644 donne un autre tracé d'aubages qui sont constitués par des pièces interchangeables, fixées soit sur l'anneau mobile d'une turbine, soit sur un anneau maintenu par le bâti.

CHAPITRE V

CONDUITE ET ENTRETIEN DES MACHINES
A VAPEUR

Il est très rare aujourd'hui que le mécanicien ou machiniste (les deux expressions peuvent être employées indifféremment) ait à mener une machine à pleine pression ; tous les moteurs sont construits à détente, c'est-à-dire que la vapeur, admise seulement pendant une partie de la course, variable ou non, travaille par expansion pendant le reste de la course.

Les deux classes dans lesquelles on peut se contenter de répartir les machines à vapeur sont donc celles sans condensation et celles à condenseur, les turbo-moteurs mis à part ; que ces engins soient à un ou plusieurs cylindres, nous considérerons leur fonctionnement comme identique, car ce qui est dit pour l'un des cylindres pourrait se répéter exactement pour les autres ; néanmoins il est d'usage de ne pratiquer la triple expansion qu'avec la condensation.

Le mécanicien, mis en face de la machine qu'il a à conduire, à surveiller et à entretenir, doit avant tout se rendre compte :

1° De la tuyauterie générale ;

2° Du système de chaudière ;
3° Du type de moteur et de ses principaux organes ;
4° Des particularités de la distribution de vapeur ;
5° De celles de la commande des tiroirs ou soupapes ;
6° De la condensation y compris la circulation s'il y a lieu ;
7° De l'alimentation des chaudières.

C'est dans cet ordre aussi que nous indiquerons les précautions qu'il faut prendre pour chacun de ces points spéciaux de la machinerie afin que son état d'entretien assure un parfait service.

Tuyautage. — Il est destiné, d'abord, à amener des chaudières à la machine, toute la vapeur nécessaire ; de plus, il conduit au générateur la quantité d'eau équivalente à celle-ci, augmentée des pertes par fuites ou condensations, et réunit enfin souvent, dans l'intervalle, les diverses parties fixes où doivent circuler vapeur ou liquides.

Il est donc bon d'examiner les accidents qui peuvent s'y produire et les réparations à faire.

Sur la chaudière, doit toujours exister un registre ou vanne principale de prise de vapeur ; il sert à régler l'arrivée de vapeur dans la première boîte à tiroir de la machine ; il est préférable que ce registre soit à soupapes équilibrées, qui diminuent l'effort nécessaire à la manœuvre, et on fera bien de le munir d'un index indiquant exactement le degré d'ouverture de la vanne ; en cas urgent, il n'y aurait ainsi nulle hésitation possible sur le sens de fermeture.

Si la tuyauterie, qui part de ce robinet d'arrêt, est un peu longue, on fera bien de ménager sa libre dilatation soit au moyen de raccords appropriés, soit par des courbes de compensation disposées, autant que possible, horizontalement ; dans le cas contraire, prévoir une purge aux points bas.

Les joints et brides, bien confectionnés, ont parfois une souplesse suffisante pour les dilatations et rétrécissements successifs du tuyautage ; c'est cependant un procédé dont il ne faut pas toujours se contenter, car il peut provoquer des fêlures ou des ruptures de tuyau, sans compter que les boulons ou les pinces sont plus sujettes à se rompre à la suite du choc d'un corps lourd.

Les fuites se font jour, la plupart du temps, à l'ouverture et à la fermeture brusques des robinets; c'est pourquoi ceux-ci doivent toujours être manœuvrés progressivement; au volume *Forge et fonderies*, il a été expliqué quels dégâts peuvent être le résultat des coups d'eau dans les tuyaux où la vapeur est susceptible de se condenser en assez forte proportion.

Les fuites peuvent avoir lieu, également, par les robinets mal rodés et l'on doit craindre d'en casser les boulons de presse-étoupe, ce qui pourrait occasionner la projection de la clé; le meilleur moyen d'aveugler promptement un accident de ce genre est d'enfoncer un coin-en bois bien tamponné dans le faisceau et maintenu en outre avec une ligature.

Il faut bien connaître les conséquences des fuites qui, toujours, entraînent une perte de calorique ; elles nécessitent aussi un surcroît d'alimentation, gênent fréquemment par leur opacité et réclament alors une surveillance plus active sur les pompes d'alimentation.

Système de chaudière. — Une entente parfaite, résultant d'ordres précis et indiscutables, est indispensable entre le personnel de la chaufferie et les machinistes ; le mécanicien fera donc bien de comparer, après quelques jours de marche ou d'essais, les divers rendements de la chaudière aux allures variées du moteur, pour n'exiger de l'appareil évaporatoire que ce qu'il est logique d'en attendre en travail courant, pour la meilleure utilisation du combustible et la fatigue des chaudières.

Distribution de vapeur. — Les quatre circonstances essentielles de la distribution sont :

1° *Durée de l'introduction* ou de la détente ;
2° *Avance à l'échappement;*
3° Période de *compression ;*
4° Avance à l'admission ou *admission anticipée.*

Ainsi qu'on le verra dans la suite, elles sont parfaitement accusées sur les diagrammes relevés au moyen de l'indicateur, dont il a été parlé précédemment ; ce que nous avons en vue ici, est de montrer la nécessité de faire correspondre ces diverses phases au travail que le moteur doit fournir, pour qu'à l'occasion le mécanicien puisse faire lui-même la *régulation* des tiroirs ou des soupapes.

A l'origine de la machine à vapeur, les tiroirs à coquille étaient bord à bord avec les lumières ; les *patins* avaient juste la dimension des orifices et on s'arrangeait pour que le tiroir, étant à moitié de sa course, recouvre exactement ces orifices ; les constructeurs voulaient qu'ils fussent exactement fermés, haut et bas, lorsque le piston était à l'extrémité de sa course, mais, qu'au moindre mouvement de la manivelle, l'un s'ouvre à l'admission et l'autre, simultanément, à l'échappement. Il est bon de rappeler que ces désignations haut et bas du cylindre ont été admises dès le début de la machine à vapeur en considération de la position verticale du cylindre ; la tige du piston traversait le fond supérieur pour commander soit une manivelle, soit un balancier, de sorte que toutes les circonstances qui se produisaient de ce côté, se rapportaient au haut cylindre ; tandis que recouvrement, introduction et autres qui étaient spéciales à la partie inférieure, étaient dites du bas cylindre.

S'il en était ainsi qu'il est dit ci-dessus, remarquons que, dans les positions où les orifices sont fermés, le piston est au point mort; si la manivelle fait alors un petit mouvement, le piston ne marchera que de fort peu ; tandis qu'au contraire les tiroirs, à moitié de leur course, vont marcher beaucoup pour un petit angle.

Quand, plus loin, la manivelle aura décrit un angle droit, le tiroir arrivera à son point mort et le piston sera, par contre, à moitié course; enfin, après un nouvel angle de 90 degrés, tout sera redevenu comme primitivement mais sur la marche en sens inverse.

Dans ces conditions, il faut tenir compte de la vitesse dont est animé le piston; au commencement de la course, il existe des volumes notables à remplir; conduits et espaces morts ou nuisibles; donc, dès l'origine de la course, on ne peut atteindre la pression initiale sans avoir recours à la compression, telle que nous la définirons ci-après.

Le volume augmentant, la pression initiale ne peut se soutenir à cause même du chemin que parcourt le piston; enfin, d'autre part, au moment de l'échappement, la dépression n'est pas instantanée.

Toutes ces considérations ont amené les constructeurs à prolonger les patins, c'est-à-dire à leur donner du recouvrement, et à caler l'excentrique en avance sur la manivelle : autrement dit, l'angle de l'excentrique et de la manivelle est plus grand que 90 degrés; lorsque le piston est à l'extrémité de sa course, l'admission est alors déjà ouverte, ce qui constitue l'avance à l'admission ; l'orifice d'échappement de l'autre face du piston est ouvert aussi.

Le tiroir revenant en arrière, il y aura réduction des passages de vapeur, puis fermeture de l'admission, c'est-à-dire détente, alors que l'échappement est encore légèrement entre-bâillé; enfin arrive la fermeture de l'échappement avant que le piston soit à la fin de sa course en avant, de sorte que la vapeur, à la pression de l'échappement, est comprimée sur la face opposée au côté du travail ; la différence des deux pressions diminuera donc de plus en plus jusqu'à ce que la vapeur détendue soit mise elle-même en communication avec l'échappement, toute force d'impulsion est arrêtée et c'est ce qui constitue l'avance à l'échappement, puisque le piston n'a pas achevé sa course.

Vers la fin de celle-ci, il faut donc que le mouvement soit continué à l'aide du volant, car il y a cessation d'action et, de plus, compression avec admission anticipée ; le rôle de la compression est aussi de réchauffer les parois du cylindre et du piston et, par cela, de volatiliser en partie, l'eau qui s'y est déposée, en même temps que de restreindre l'influence des espaces morts.

Il est presque inutile de faire remarquer combien ceux-ci sont diminués par l'emploi des soupapes, qui laminent brusquement la vapeur soit à l'admission, soit à l'échappement, et que l'on dispose le plus près possible des fonds ; elles offrent relativement peu de résistance au mouvement parce qu'elles offrent un grand passage pour une levée minime.

Ces soupapes, équilibrées, sont actionnées par des cames ou par des déclics à ressort qui les mettent en mouvement juste à l'instant propice ; le régulateur ou certains autres dispositifs permettent de faire varier la durée de leur levée et, par conséquent, de prolonger ou de diminuer l'admission.

Elles sont surtout employées dans les moteurs de grande puissance, en raison de la complication d'organes qu'elles entraînent ; aussi a-t-on imaginé un système mixte dans lequel la fourniture de vapeur est d'abord faite par un tiroir et la détente par une soupape supplémentaire.

Commande du tiroir. — Autrefois, on cherchait surtout à ouvrir instantanément et, pour tenir le tiroir ouvert pendant toute la course, dans le but de travailler à pleine pression, on se servait d'une came triangulaire (*Mécanique générale*), que l'on a abandonnée, à cause des chocs et des battements, pour l'excentrique circulaire.

Celui-ci est une véritable manivelle qui peut se placer en un point quelconque d'un arbre, mais dont le frottement est considérable ; aussi diminue-t-on le plus qu'on peut son diamètre extérieur, et c'est là la raison pour laquelle il n'a qu'une faible course, avec toutes ses conséquences. La transmission par l'excentrique doit être directe et aussi courte que possible, le fonctionnement se fait mieux et il faut avoir soin que les articulations prennent le moins de jeu possible.

On opère souvent autrement la commande des distributeurs ; on a un manchon coudé avec un bouton auquel on donne des dimensions suffisantes pour que son porte-à-faux soit sans influence ; il est recommandé de suivre les mêmes prescriptions que ci-dessus, relativement au jeu des organes.

Pour une machine qui tourne constamment dans le même sens, l'angle de calage est déterminé une fois pour toutes ; mais, pour tourner alternativement en avant ou en arrière, les angles sont différents ; pour passer d'un sens à l'autre, il faut donc pouvoir déplacer l'excentrique.

Parmi tous les systèmes imaginés dans ce but, on a préféré mettre deux excentriques et commander la distribution par l'un ou par l'autre, selon leurs calages différents ; telle est la coulisse de Stephonson et ses analogues : deux excentriques sont calés, l'un pour la marche en avant, l'autre pour la marche en arrière ; leurs bielles sont reliées par une bielle de relevage qui, par des leviers articulés, se place à telle hauteur que l'on veut.

La condensation et l'alimentation ayant été suffisamment traitées dans la première partie de ce chapitre, nous y renvoyons le lecteur.

Mise en train des machines à vapeur. — Lorsque le cylindre du moteur est vertical, il convient de placer le piston à la partie supérieure, soit à la main soit au vireur, par l'intermédiaire du volant; si le cylindre est horizontal, la position du piston peut être quelconque.

On fait, dans le premier cas, arriver la vapeur en dessous du piston, afin que toutes les eaux de condensation qui proviennent des tuyauteries et du cylindre lui-même s'y réunissent et qu'on puisse les évacuer complètement par le robinet-purgeur.

Tous les purgeurs seront ouverts en grand et les surfaces de frottement parfaitement graissées: avec les appareils compte-gouttes, on disposera l'écoulement convenable et plutôt abondant des lubrifiants.

La préparation au départ résultera d'une ronde que l'on fera de tous les côtés ; il faut s'assurer que les lumières des godets graisseurs sont bien débouchées; on fait chauffer du suif pour le graissage si les tiroirs et les pistons reçoivent cette substance; dans le cas d'une machine à condenseur par surface, on ne le graisse que dans les premiers instants de la marche ; on procède à l'ouverture des circulations d'eau d'injection ou de circulation, ainsi qu'à celles de l'arrosage et de la décharge.

En raison de la dilatation qui résulte de l'échauffement par arrivée de vapeur, il est bon de prévenir le coinçage des soupapes d'arrêt ou des valves en les décollant au préalable, mais très légèrement.

Toutes ces opérations ont pour but de réchauffer graduellement toutes les parties de l'appareil moteur dans lesquelles la vapeur doit circuler; par la purge des tiroirs et des cylindres on chasse l'eau, tout autant que l'air, que la condensation provoque ou qu'ils contiennent ; c'est, par conséquent, un vide que l'on obtient et qui aide au démarrage dans une certaine limite.

Nous avons vu que le condenseur, dans les machines où il est installé, se purge par une introduction de vapeur directe ; l'air et l'eau en sont expulsés par le reniflard.

Quand la purge est complète, et que seule de la vapeur s'échappe de tous les orifices, on ferme le registre et on laisse l'eau passer dans le condenseur ; elle condense la vapeur qui, traversant encore les diverses parties, va s'y condenser, de façon à former un commencement de vide.

Le moment est venu de *balancer* la machine, c'est-à-dire, ayant ouvert légèrement le registre, de faire quelques tours d'essai et très lentement ; on observe, pendant ces premières révolutions, le fonctionnement des organes principaux en tenant les purges ouvertes en grand ; si tout va bien, on est prêt à monter à l'allure normale ; sinon, il faudrait porter son attention spéciale, sur la surveillance de l'organe qui laisse à désirer et stopper au besoin pour y porter promptement remède.

La mise en marche se fait en ouvrant graduellement le registre de vapeur et en agissant, dans les cas spéciaux, soit sur le régulateur, soit sur les organes de distribution ou d'échappement ; on ferme les purges fixes ou accidentelles et, en principe absolu, on ne doit arriver que lentement à la vitesse de régime, surtout avec de lourds volants.

Après quelques instants de fonctionnement, le mécanicien ou ses aides visiteront minutieusement toutes les surfaces frottantes auxquelles ils peuvent accoster, afin de s'assurer de l'absence d'échauffement, par frottement exagéré auquel ils remédieraient sans retard, soit en arrosant abondamment, soit en desserrant les pièces en contact d'une très minime quantité ; il ne peut y avoir de prescriptions générales à cet égard, chaque cas qui se présente étant un problème particulier que doivent résoudre immédiatement les moyens dont dispose la machinerie.

Soins à donner. — Il se produit toujours du jeu dans les articulations, résultat de l'usure des coussinets ou des portées; il faut néanmoins régler le serrage pour éviter les chocs, les brouttements ou les échauffements. Le mécanicien fera donc bien de se rendre compte du serrage proportionnel qu'il peut obtenir soit par tour ou fraction de tour des écrous, soit par enfoncement des clavettes, et cela, pour tous les mouvements de la machine.

Autant que faire se peut, il est désirable que toutes les parties soient assujetties par des freins de desserrage; on prévient ainsi tout dérangement.

Les coussinets ont généralement des cales mobiles qui servent à régler exactement le jeu; on procède au serrage en les enlevant et en serrant les articulations à bloc, uniformément pour les deux bords; à ce moment, on mesure l'épaisseur que la cale aurait sans jeu et on en déduit celle qu'auront la ou les cales, avec la liberté convenable au frottement.

Quand ces coussinets sont serrés à bloc ou munis de cales fixes, on serre une substance molle entre eux et le tourillon de façon à savoir, par l'empreinte, quelle épaisseur de métal il faut limer sur chacun des coussinets.

Il est de la plus haute importance de conserver aux pièces leurs dimensions rigoureusement exactes entre les axes de rotation, que le serrage a tendance à modifier lorsqu'il n'est pas fait avec circonspection.

CHAPITRE VI

GRAISSAGE DES MACHINES

Graissage (1). — C'est un des points les plus importants qui sollicitent l'attention raisonnée du mécanicien ou du chef d'atelier, car du choix et de la disposition des appareils employés, ainsi que du soin et de la surveillance dont ceux-ci doivent être l'objet, dépendent la plupart du temps des avantages marqués que nous étudierons avec quelque détail en cet endroit; nous nous étendrons d'autant plus sur l'objet de ce paragraphe que beaucoup de renseignements qui auraient pu être donnés en divers autres volumes (*Machines-outils* et *Transmissions* notamment) auraient été à notre avis un peu disséminés; tandis que l'examen général du graissage, que nous allons entreprendre ici, comprendra nécessairement les cas spéciaux que nous avons omis à dessein ou qui pourraient se présenter par la suite.

En principe, le *graissage* a pour but d'interposer, entre les parties frottantes, *un lubrifiant* ou matière onctueuse : corps gras d'origine animale, minérale ou végétale, plom-

(1) En collaboration avec M. Paul Tétedoux.

bagine ou autre, non seulement, pour diminuer la valeur du frottement (*Mécanique générale*), mais encore et surtout pour conserver leur poli aux pièces en contact.

Nous savons que, dans toute machine, qu'elle soit motrice ou qu'elle soit réceptrice, le frottement compte pour une large part dans ce que l'on dénomme les résistances passives, sorte de poids mort inséparable de l'énergie que fournit ou qu'absorbe le mouvement des organes ; une notable partie de la force semble avoir disparu et c'est cette perte que le graissage a le rôle, non pas de compenser intégralement, ce qui est impossible, mais de réduire dans une mesure sensible.

Si, poussant les choses à l'extrême, nous supposons que les surfaces en contact ne sont pas graissées (ou même insuffisamment, c'est-à-dire sur une partie seulement), il y a d'abord augmentation du frottement, car l'adhérence ou la résistance au mouvement atteint son maximum ; dans ces conditions de marche, que l'on peut comparer au travail d'un frein, la force motrice se transforme en chaleur et, de degré en degré, échauffe plus ou moins les parties frottant à sec ; comme, d'autre part, cette chaleur ne peut se disperser par rayonnement ou par contact aussi vite qu'elle se manifeste surtout pour des organes lourds, le métal arrive à une température où sa résistance est moindre, ce qui incite des particules à s'en détacher facilement, et où les dilatations mutuelles de l'axe et de son collet atteignent une intensité parfois telle qu'il en résulte un coincement des plus énergiques ; c'est ce que, d'un mot, l'on a caractérisé : le *grippage*, dont le pire effet est la soudure ou la fonte des métaux qui l'ont subi.

Bien qu'en général, d'un graissage défectueux ne résulte pas une telle détérioration des arbres et de leurs coussinets, il n'en existe donc pas moins toute une gamme dans les résistances qu'il est chargé de contrebalancer et l'on saisit, par conséquent, l'intérêt qui s'attache à diminuer le frottement; on peut dire que c'est une économie de combustible que l'on réalise et c'est par milliers de francs qu'elle s'est traduite mensuellement dans de grosses industries où cette question a été judicieusement étudiée.

On peut employer toute espèce d'huiles, pourvu qu'elles ne présentent pas un degré appréciable d'acidité, sinon elles attaqueraient le métal; autrefois, les huiles en usage étaient essentiellement animales ou végétales : pied de bœuf ou de mouton, suif, olive, colza, etc..; à l'heure actuelle elles ont été remplacées à peu près partout par les huiles minérales; la raison en est, à part la question de prix, que les premières s'altèrent rapidement à l'air, comme toute matière organique, tandis que les autres n'ont pas cet inconvénient; il est bon d'ajouter qu'aux températures élevées, courantes aujourd'hui, haute pression, surchauffe ou moteurs à explosions, la décomposition de celles-là est certaine; elles se transforment particulièrement en acides (dits gras) qui encrasseraient et corroderaient les surfaces et se retrouveraient jusque dans le générateur.

Les lubrifiants minéraux sont obtenus comme résidus de la rectification des pétroles; ils sont à peu près inaltérables et bien que s'épaississant ne forment pas de cambouis; alors que les huiles organiques ne pouvaient se régénérer, les huiles minérales, au contraire, sont susceptibles de resservir à peu près indéfiniment. Toutefois, selon les circonstances: température du milieu, poids des organes, etc., il faut faire un choix judicieux entre les huiles lourdes et les huiles fluides; les qualités du commerce ne diffèrent entre elles, d'ailleurs, que par le degré plus ou moins élevé d'épuration et de concentration.

Les fabricants de ces produits les distinguent par des numéros correspondant aux usages auxquels les huiles sont destinées et la fluidité n'est pas toujours en raison inverse du pouvoir lubrifiant ; une matière visqueuse peut ne pas avoir une densité bien élevée, de sorte que prévue pour être employée comme intermédiaire entre des poids lourds, elle ne rendrait plus les services qu'on en attendait.

Il y a donc lieu, pour éviter des mécomptes, de choisir les qualités des lubrifiants en vue des emplois qu'ils doivent remplir : cylindres ou tiroirs, moteurs à gaz, machines lentes, rapides, lourdes ou légères, mouvements et transmissions, wagons ou wagonnets, mouvements de fatigue ou engrenages, laminoirs ou broches de métiers, etc.

Une autre sorte de lubrifiant est la graisse consistante qui convient pour certains usages, avec température de fusion d'au moins 85 degrés : gros coussinets, mouvements de grande force, surtout ; nous verrons que dans ce cas il est nécessaire d'adopter des graisseurs à compression de divers modèles ; il ne faut pas que la graisse soit trop dure, car elle pourrait alors s'amasser, sans effet, dans les pattes d'araignée et y durcir encore davantage ; en outre, s'il y a la moindre négligence dans le graissage, la matière brûle, forme obstruction et occasionne des grippements sérieux. Pour faciliter l'entraînement de la graisse, il est indispensable que les pattes d'araignée des coussinets ne soient pas à angles vifs.

Dans certains cas, les garnitures d'amiante sont enduites de graisses spécialement fabriquées ; elles produisent un frottement régulier et plus doux et ont une étanchéité et une durée plus grandes.

Appareils graisseurs. — Il y a lieu de faire une distinction dans les graisseurs, selon qu'ils doivent alimenter des organes de machines soit à l'air libre, soit sous pression, car leurs dispositions sont toutes différentes ; dans les premiers, le lubrifiant s'interpose librement entre les corps, tantôt par simple léchage, tantôt par capillarité, et sa répartition se produit d'une façon très sommaire; dans les autres, les matières grasses sont envoyées à bain forcé ou par entraînement au sein des fluides, qui les transportent en chaque point des capacités où ils se répandent.

Graissage libre. — Le principe de ce mode de rendre les surfaces onctueuses, par exemple un palier ou une articulation, est de faire pénétrer l'huile du godet, servant de réservoir, au corps de l'axe en la canalisant dans les rainures dites pattes d'araignée dont l'une des deux pièces est pourvue.

Le moyen primitif consiste évidemment à percer un trou au travers de la partie fixe et à l'alimenter périodiquement avec une burette tenue à la main ou mieux à la perche lorsque les circonstances le permettent (Voir *Engrenages* et *Transmissions*); mais cela ne donne aucune sécurité puisque la quantité d'huile se réduit à quelques gouttes à la fois et que la poussière ou même les menus débris ont, de cette façon, un libre accès à l'arbre; enfin ce système est peu économique. On a remédié à une partie de ces inconvénients en surmontant le trou de graissage d'un godet parfois ouvert, mais, de préférence fermé; autrefois on le faisait, généralement, venir de fonte avec les chapeaux, à l'heure actuelle on trouve plus convenable que ce récipient soit rapporté.

On le ferme (fig. 645) à la partie supérieure par un couvercle maintenu par un ressort de façon à empêcher l'introduction de la poussière à l'intérieur, et l'orifice de graissage est surmonté d'une partie cylindrique dans laquelle on enfonce une mèche formée de fils de laine ou de coton guidés et serrés par un fil de laiton; on leste aussi le bout de cette mèche qui trempe dans l'huile du godet et amène, par capillarité, l'huile du réservoir dans le centre du graisseur.

Comme proportions courantes, on peut prendre le diamètre de la lumière égal à 1 dixième de celui de l'axe ; en outre, autant le diamètre de la lumière contient de millimètres, autant il faut de fils pour la mèche.

Le serrage de la mèche par le fil de laiton peut servir à

Fig. 645.   Fig. 646.

régler le débit du godet. L'écoulement du lubrifiant peut encore être dosé par l'adaptation, à la lumière, d'une aiguille ou pointeau portant une partie filetée qui se visse dans le corps fixe du godet (fig. 646). Ces graisseurs indépendants se font de bien des formes, dans le détail desquelles nous ne pouvons entrer ; nous dirons seulement qu'ils sont confectionnés en bronze, en verre ou en verre blindé, c'est-à-dire avec gaine métallique de protection.

Ce qu'il faut rechercher, dans le choix de ces appareils, c'est que le graissage y soit automatique, autant que faire se peut, eu égard à l'emploi et à la dépense, afin que l'écoulement de l'huile n'y soit pas indépendant de la vitesse de l'organe à lubrifier et ne continue surtout pas lors de l'arrêt.

Fig. 647.

Le type le plus ordinaire est celui où on dispose une tige lisse, dans l'axe du graisseur et d'un diamètre plus petit qu'elle; on compte sur les vibrations de l'organe ou de la transmission pour provoquer le débit en marche, tandis que le canal est obstrué, à l'arrêt, par ce pointeau. Un modèle plus perfectionné (fig. 647) se compose d'un vase en verre hermétiquement fermé, contenant l'huile, et dont l'orifice d'écoulement se règle au moyen d'une tige conique à son extrémité, afin qu'à la simple vue on puisse se rendre compte de ce que l'on dépense ; dans le pied de l'appareil se trouvent des regards dits *compte-gouttes* ; si le graisseur est destiné à une pièce mobile, il faut fixer la tige régulatrice par une manette avec contre-écrou, par exemple, afin que le mouvement ne puisse le faire sauter; sinon, dans le cas de paliers, la tige repose, par l'intermédiaire d'un bouton articulé, figuré à la partie supérieure, sur un écrou moleté, l'écoulement de l'huile se règle en vissant ou en dévissant ce dernier, ce qui abaisse ou élève d'autant la tige conique et, par conséquent, diminue ou augmente le débit,

Il suffit de coucher le bouton pour suspendre le graissage et de le relever à la mise en marche ; dans ces conditions,

il est évident que le débit est exactement le même qu'avant
l'arrêt et on évite ainsi le gaspillage de l'huile.

Ce procédé des compte-gouttes est très avantageux, de
quelque manière qu'on l'envisage; il permet, en effet, de
graisser en surabondance, car l'huile peut être recueillie
après qu'elle a servi, être purifiée et resservir à nouveau;
pour cela on doit accorder la préférence aux paliers ou
autres pièces dont le lubrifiant ne peut s'échapper; le remontage, barbotage ou retour de l'huile s'opèrent soit par
les formes données aux arbres, soit par des hagues ou des
chaînes entraînées dans le mouvement, soit par capillarité
au moyen de mèches ou de tiges de rotin.

Les modèles de graisseurs compte-gouttes sont extrêmement nombreux ; ce que l'on doit rechercher, c'est que leur
débit ne puisse varier indépendamment de la volonté du
soigneur et qu'autant que possible, on ne soit pas dans
l'obligation d'avoir des appareils distincts pour les organes
fixes et pour les organes mobiles; enfin il est quelquefois
bon que l'appareil puisse fournir des débits différents sans
se dérégler pour chacun d'eux ; en effet si, pour une cause
quelconque : épaississement de l'huile au départ, échauffement subit, il était besoin de graisser davantage, on pourrait obtenir, dans ce cas, un débit plus grand ou même un
débit à flot permettant de baigner instantanément la pièce
dans l'huile.

On peut cependant reprocher à la plupart de ces graisseurs le défaut que le débit n'en peut être changé pendant
le mouvement; il est souvent de grand intérêt de pallier à
un échauffement dès son début et il faut alors arrêter la
machine; c'est pourquoi on obvie à cet inconvénient par
des dispositifs variés, généralement par articulations, tels
que l'exemple donné (fig. 594), à propos de la machine
Farcot, celui que nous citerons lors de la description du
moteur Otto (*Moteurs à gaz*, 7ᵉ volume), ou par les ap-

pareils lécheurs (fig. 648); sur la pièce en mouvement: tête de bielle, glissières, etc., on fixe une boîte ou cuvette contenant quelquefois deux compartiments communiquant par des lumières avec les parois à lubrifier; pendant la

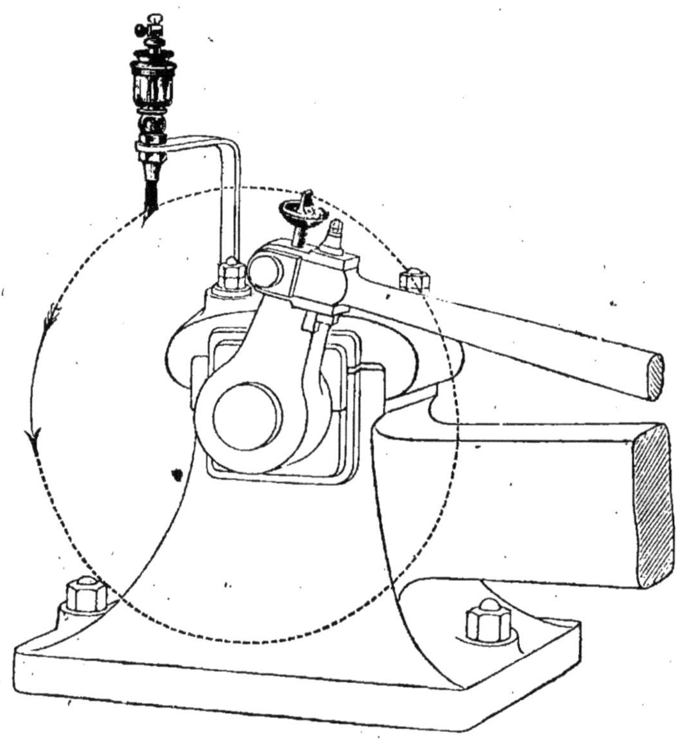

Fig. 648.

marche, cette boîte vient tangenter un balai porté par le godet à huile, de sorte qu'à chaque révolution ou à chaque passe d'effleurement, une goutte d'huile est détachée du pinceau et portée à la soie du manchon s'il s'agit d'un mouvement circulaire.

Le réservoir proprement dit étant fixe, il devient dès lors possible d'en modifier le débit, bien que, dans ce système, la prise d'huile ne s'opère que périodiquement.

Un autre type de graisseurs fixes, mais qui ne convient que dans le cas spécial d'emploi des graisses consistantes est le compresseur automatique (fig. 649) ou d'autres, celui du genre Stauffer ou dérivés; le graisseur automa-tique consiste en un récipient recevant la matière consistante ; le couvercle est traversé par une vis fixée sur un piston P de même diamètre que le vase et on règle le débit à l'aide de la vis centrale D qui porte des orifices selon des génératrices ; en serrant ou desserrant, on diminue ou on augmente la section de passage du lubrifiant d'une façon suffisamment rigoureuse.

Le véritable progrès, au point de vue de l'économie et de la sûreté du graissage, est de disposer

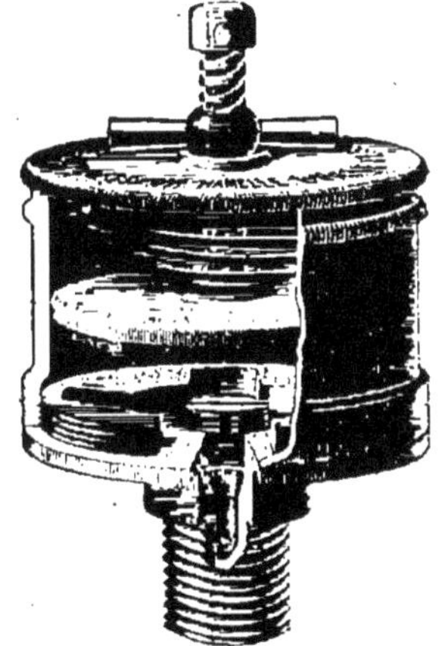

Fig 649.

un réservoir général fournissant de l'huile sous une pression plus ou moins élevée à des collecteurs fixés sur diverses parties de la machine, collecteurs d'où rayonnent de petits tubes avec graisseurs compte-gouttes qu'il est facile de surveiller, surtout si on choisit leur emplacement bien à portée du regard ; les départs sont ainsi centralisés et peuvent exister en nombre plus ou moins grand.

De plus, ce mode de procéder est susceptible de se combiner avec l'installation d'un drainage des huiles, recueillies après leur action sur les organes et retournées vers un récipient général où, après filtration, elles sont remontées, par un moyen quelconque, dans le réservoir de départ; le lubrifiant parcourt ainsi un cycle fermé.

Dans cet ordre d'idées, la sécurité du personnel est bien plus grande, car cette série de tubes portent l'huile dans des endroits où il serait dangereux ou, tout au moins, difficile d'aborder.

Pour provoquer l'écoulement de l'huile, divers appareils de pression ont été imaginés, qui l'envoient soit directement aux organes soit aux distributeurs et aux rampes de distribution; les uns, en ne citant que les plus pratiques, sont basés sur le principe d'une pression constante obtenue par un poids fixe (fig. 650 et 651); les autres sont commandés par le moteur ou l'appareil qu'il s'agit de lubrifier.

Quoique le graisseur self-acting Bourdon ait été particulièrement créé pour envoyer l'huile dans le tuyau de la vapeur affluente, nous croyons nécessaire d'en donner en cette place la description, car, avec peu de modifications, il convient bien comme exemple d'un réservoir général de départ où l'envoi de l'huile s'opère par simple pesanteur d'un piston lourd.

Il se compose principalement d'un cylindre vertical C, fermé à ses deux extrémités par des plateaux étanches et monté sur un socle rectangulaire R formant réservoir d'huile; ce cylindre est, extérieurement, muni de deux groupes de robinets; dans le groupe supérieur (fig. 650), le pointeau E met le cylindre en communication avec la prise de vapeur faite sur la machine et le pointeau N sert à l'évacuation de l'eau quand on remplit le graisseur self-acting; dans le groupe inférieur, le pointeau H sert à l'écoulement de l'huile de graissage, et le pointeau A permet d'aspirer l'huile dans le socle·R au moment du remplissage.

A l'intérieur du cylindre (fig. 651) se trouve un piston p chargé de plomb et garni d'amiante à sa partie inférieure;

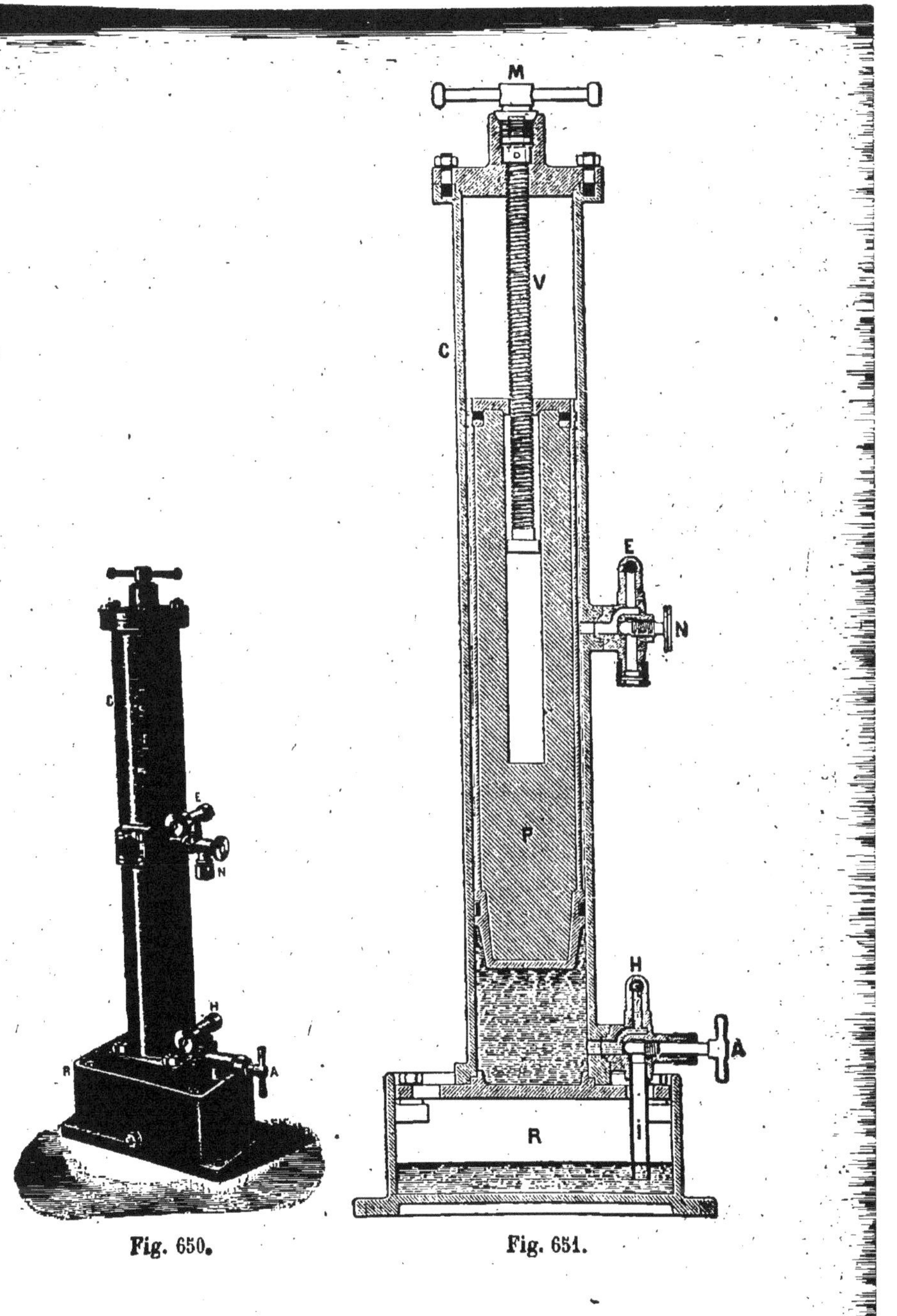

M
V
C
E
N
P
H
A
R
Fig. 650.
Fig. 651.

une vis *v* permet de remonter le piston au moyen d'une manivelle que l'on place sur le carré de la vis après avoir enlevé le bouchon supérieur ; il est à remarquer, toutefois, qu'en marche normale, le piston est indépendant de la vis qui n'a d'autre rôle que de remonter le bloc jusqu'à la partie supérieure ; enfin, sur le piston, est fixée une règle graduée visible à l'extérieur par le regard à glace placé sur le devant du cylindre ; ce dispositif permet, à tout moment, de connaître la position du piston dans le cylindre.

On voit ainsi que cet appareil n'a besoin ni d'une charge d'eau, ni d'un mouvement mécanique pour produire l'écoulement de l'huile ; de là son nom, parce qu'il renferme en lui-même son moteur. Le piston P, soumis sur ses deux faces à la pression de la vapeur, agit sur l'huile par son poids et lui communique une pression supplémentaire toujours constante. La puissance de refoulement est de 3 à 5 mètres, cependant rien n'empêche d'établir des réservoirs de ce type, capables de refouler l'huile à 6 et 10 mètres de hauteur.

Nous en donnons ci-contre (fig. 652) un exemple d'application à un cylindre du genre de celui que nous avons décrit précédemment ; l'huile refoulée par le piston est envoyée par le tuyau correspondant au pointeau H (fig. 650) dans un distributeur ou rampe portant autant de compte-gouttes à tube de verre que l'on a de points à lubrifier ; en chacun de ces derniers points il suffit de disposer un petit robinet spécial d'introduction.

Les précautions à prendre lors de l'installation sont de ne pas placer la prise de vapeur au-dessous du plancher de la machine ; elle doit être située au moins au niveau du couvercle du self-acting ; il est, de plus, évident, que la position de la prise de vapeur doit être choisie telle que la pression ne puisse jamais y être inférieure à celle qui existe en un quelconque des points à graisser.

On voit par tout ce qui précède sur les progrès accomplis dans l'opération du graissage, qu'il est devenu indiffé-

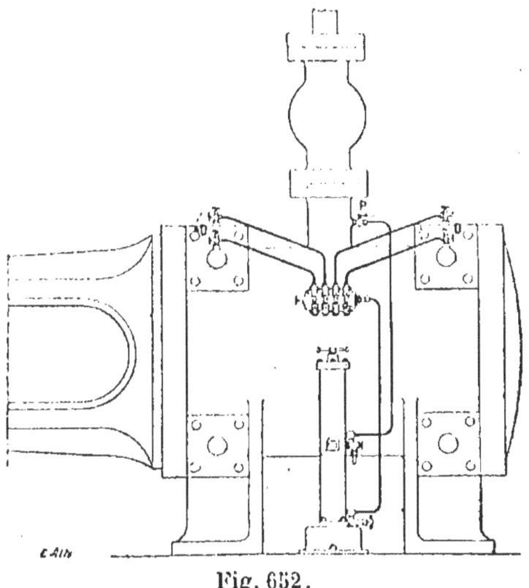

Fig. 652.

rent aujourd'hui que le problème se pose avec ou sans pression intérieure de vapeur ; dans un des types que nous

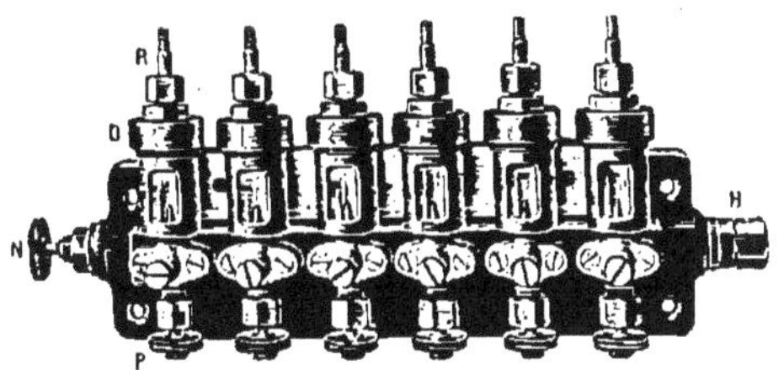

Fig. 653.

décrirons, on jugera que la pression est donnée à l'huile mécaniquement, mais comme en général, il y a toujours lieu d'interposer une rampe de distribution, c'est l'examen de cet appareil qui servira de transition avec les dispositifs du genre des Consolin.

Les distributeurs d'huile (fig. 653) sont donc destinés à être placés entre le graisseur et la machine et rendent apparent le débit grâce aux compte-gouttes dont ils se composent ; ces compte-gouttes sont fixés sur un bâti en fonte, avec conduit horizontal en saillie et plaque blanche émaillée formant réflecteur. Le raccord H reçoit le tuyau amenant l'huile du graisseur ; le pointeau N sert à faire évacuer l'air au moment du fonctionnement ; ces parties sont interchangeables, pour le sens convenable.

Les pointeaux P ouvrent le passage à l'huile et servent au réglage du débit ; l'huile traverse les cylindres en verre remplis d'eau et s'écoule par les raccords R, mis en communication avec les différents points à graisser ; les cylindres en verre s'enlèvent et se remplacent facilement en dévissant les couvercles D ; pour introduire l'eau dans les cylindres, il suffit de dévisser les raccords R ; on peut, d'ailleurs, faire évacuer l'eau en dévissant complètement les vis à pointeau placées au-dessous des cylindres.

Graissage sous pression. — La lubrification des organes de la machine en contact avec un fluide sous pression (ou celle des pièces sur lesquelles on désire pratiquer le graissage forcé) n'avait pas lieu, autrefois, de la même façon que pour les articulations à l'air libre ; la première idée d'envoyer l'huile dans les conduites d'amenée de la vapeur semble appartenir à Consolin, d'où la désignation pendant longtemps presque exclusive, sous ce nom, de tous les appareils basés sur le même principe.

Le Consolin primitif, qui date de vingt à vingt-cinq ans, se composait d'un réservoir A, dont la contenance est variable : 1 à 2 kilogrammes dans le modèle moyen. Il est surmonté d'un entonnoir B fermé par un bouchon à vis et communique d'une part avec un indicateur de niveau C gradué et d'autre part avec deux robinets-valves portant respectivement les indications : huile et eau ; celui-ci est muni d'une graduation et d'un index.

Dans le bas de ce réservoir se trouve un puiseur R, le robinet à eau P communique avec un tube en cuivre formant serpentin à la partie supérieure et qui aboutit ensuite à la canalisation de vapeur, le robinet de vapeur L est réuni directement à celle-ci par un second tube qui entre de quelques centimètres dans le tuyau de vapeur. Deux robinets G et G' peuvent isoler les tubes de la canalisation.

Le principe de ce graisseur est le suivant : l'huile, étant plus légère que l'eau, reste à la partie supérieure et est soumise à la pression d'une colonne d'eau dont la hauteur est celle du serpentin à son niveau ou moindre, selon le degré d'ouverture du robinet à eau P.

Son fonctionnement a lieu en remplissant A d'huile et en ouvrant G et G', la vapeur entre dans le tube de communication inférieur et se condense ; le serpentin et la partie basse de ce tube en U se remplissent d'eau et cette colonne de liquide se renouvellera constamment, alimentée par des condensations continues ; son action fera évacuer l'huile par L, et la poussera dans la canalisation où le courant intense de vapeur s'en imprégnera et l'entraînera goutte à goutte vers les tiroirs et les cylindres ; arrivé là, la vapeur la déposera sur les parois, sur les tiges et sur toutes les parties frottantes ; le graissage est donc automatique et uniforme.

L'installation du Consolin doit se faire en observant bien de mettre les prises de vapeur et d'huile aussi rapprochées que possible l'une de l'autre et dans des parties de la conduite où la pression et la vitesse de la vapeur sont les mêmes ; il ne faut donc pas placer, par exemple, l'une des prises du côté d'un papillon ou d'une valve et l'autre du

VI. — *Machines à vapeur.*

côté opposé; on évitera aussi de faire la prise de vapeur dans une partie de la conduite trop éloignée de la prise d'huile, surtout si, entre deux, il y a des coudes ou autres changements de forme pouvant influencer la vitesse.

On doit également placer le graisseur pour que le maniement de tous les robinets et l'observation du niveau soient faciles.

Ce système ne donne son plein effet que sur des conduites où la vitesse de la vapeur ne descend pas au-dessous d'une certaine limite; sinon le lubrifiant risquerait de ne pas être entraîné et de se retrouver dans l'eau de purge de la canalisation.

Le mécanicien doit savoir que lorsque l'on substitue, pour une raison ou une autre, les huiles minérales telles que la valvoline aux suifs ou huiles animales, le premier résultat observé est de dissoudre et d'enlever les cambouis; on verra donc sortir du cylindre une matière noire et onctueuse constituée par ce mélange. Comme, en résumé, la machine se nettoie, elle pourra avoir des mouvements plus durs pendant quelque temps ; on prendra donc le soin de n'arriver que progressivement à la substitution, en mélangeant la valvoline et la graisse et en diminuant la proportion de celle-ci petit à petit.

Lorsqu'il s'agit de ne graisser que le cylindre, de façon indépendante, on a à sa disposition un nombre considérable de modèles à pointeau, à plusieurs robinets, etc.; nous choisirons, pour en donner un aperçu, les appareils ci-contre (fig. 655 et 656) dont le premier permet le graissage d'une manière automatique, continue et visible ; c'est l'oléomètre Fleutelot.

Dans sa position verticale, la clé indique que le robinet est à la fermeture ; le réglage s'opère en poussant de gauche à droite, à l'intérieur, il existe une rainure circulaire dont le creux, partant d'un point de la circonférence (correspondant à zéro), ne laisse tomber l'huile que goutte à goutte; cette rainure va en s'accroissant jusqu'à l'extré-

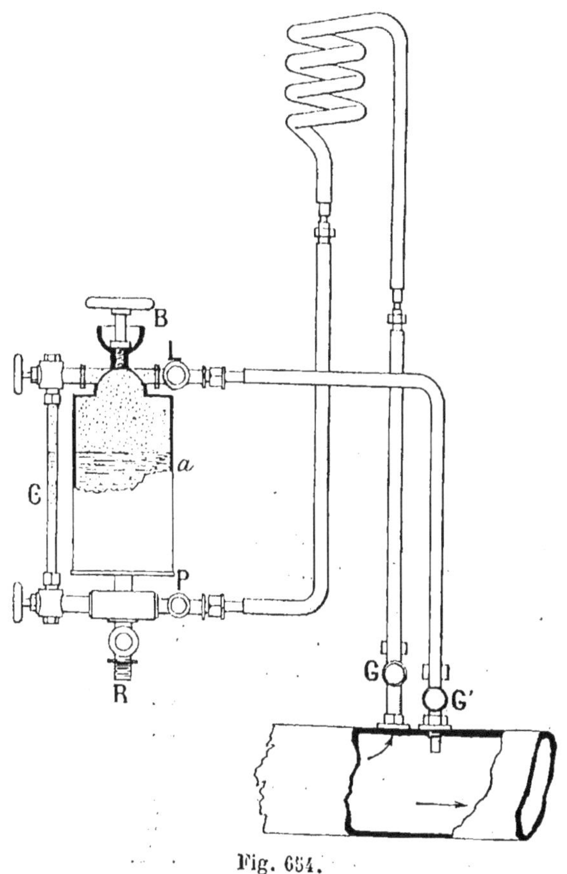

Fig. 654.

mité opposée du diamètre, où elle atteint son maximum et laisse écouler l'huile d'une façon continue; par des regards en verre, pour le contrôle, on aperçoit tomber l'huile.

A la partie inférieure, on dispose une petite soupape fermée par un bout et taillée de petites échancrures à l'arête inférieure ; elle ferme, par conséquent, hermétiquement le haut de son alvéole, et, soulevée par la vapeur à chaque cylindrée, elle permet à l'huile de s'introduire par période dans l'intérieur du cylindre.

Mais, de même que l'autre graisseur (fig. 656) pris comme exemple, elle présente l'inconvénient d'envoyer le lubrifiant toujours au même point, de telle façon que sa répartition n'est assurée que si on dispose l'appareil sur la tuyauterie ou sur la boîte des premiers tiroirs.

Ce graisseur à trois pointeaux est constitué principalement par un récipient cylindrique R, avec douille de fixation X et cuvette de remplissage A, qui comporte trois pointeaux d'obturation : P correspondant à une aiguille axiale, M servant à remplir la cuvette A, et N commandant la communication de l'intérieur du réservoir R avec l'air ambiant. Pour remplir le réservoir, on applique d'abord P sur son siège en le vissant modérément et on ouvre N afin de faire tomber la pression intérieure à la pression atmosphérique ; on remplit alors la cuvette A et on dévisse le pointeau M pour permettre l'écoulement de cette huile par simple gravité ; lorsqu'on juge que le récipient est rempli, ce que l'on peut contrôler par l'arrêt dans la descente de l'huile de la cuvette A, on ferme successivement M et N et on ouvre partiellement P ; de la sorte, la manœuvre se fait avec promptitude, sans fuites ni projections, et, de plus, le réglage peut fort bien s'opérer par l'aiguille P ; qui laissera l'huile s'écouler plus ou moins lentement.

Lorsqu'il est difficile de fixer un graisseur directement sur la machine on peut, comme dans le cas du Consolin, avoir recours aux appareils oléomètres qui conviennent plus particulièrement pour opérer le graissage en un point quelconque de l'arrivée de vapeur (fig. 657). Nous donnons ci-dessous quelques renseignements sur l'oléomètre Bourdon. C est une plaque de fixation sur un support vertical ; R est le réservoir principal ; K le tuyau d'arrivée de vapeur avec vis de purge I ; S est un serpentin, où cette vapeur se condense, avec un raccord de jonction U qui se continue par un tuyau d'arrivée d'eau L terminé lui-même, en B, sur un robinet à vis permettant d'introduire l'eau dans le grais-

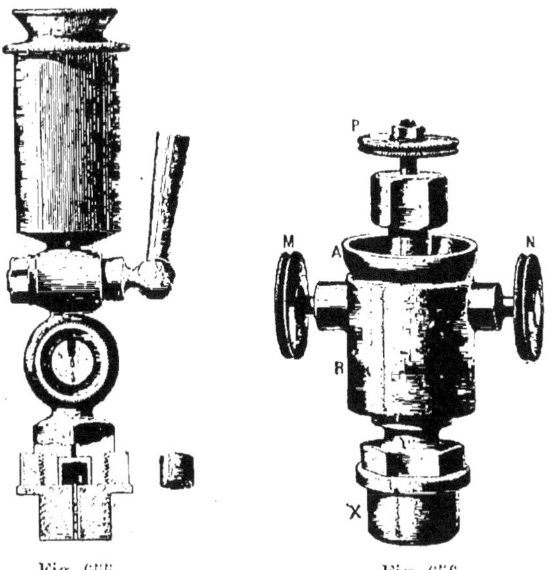

Fig. 655.   Fig. 656.

seur. La vidange du récipient peut se faire par le robinet à vis N. A la partie supérieure, l'huile de remplissage est versée dans le godet à vis A ; intérieurement, un tube ouvert à sa partie haute met en communication constante l'huile qui surnage sur l'eau de condensation avec le pointeau horizontal P_1 d'un robinet à deux eaux M dont l'autre pointeau vertical P_2 amène de l'eau du bas du récipient R ; lorsque le pointeau horizontal P_1 est ouvert, c'est donc de d'huile qui s'écoule dans le tube en verre V ; lorsqu'au contraire c'est P_4 qui est ouvert, de l'eau arrive dans le même tube.

On voit nettement, par ce procédé, les gouttes d'huile monter dans le vase V, lequel est entretenu plein d'eau ; d'autre part, un tube également en verre V_4 indique le niveau de l'huile dans le vase R ; il est monté dans des pièces Y et Z le faisant communiquer respectivement avec l'eau ou l'huile et des bouchons D. D_4 permettent de nettoyer ou même de remplacer les tubes ; sur D_4 se trouve un pointeau d'évacuation de l'air, que l'on ouvre au moment du remplissage. Q est un robinet d'introduction d'huile avec un pointeau d'amorçage (fig. 658).

Il faut, pour déterminer le point où l'huile doit être introduite, tenir compte du système de la machine.

Dans les machines sans enveloppe de vapeur, par exemple, on peut introduire l'huile dans le tuyau d'arrivée de vapeur ; il en est de même si l'enveloppe est indépendante, c'est-à-dire ne communique pas avec la vapeur s'évacuant au cylindre ; mais s'il y a une enveloppe où circule la vapeur avant de se rendre au cylindre, il est vicieux d'introduire l'huile dans le tuyau, car elle pourrait se déposer dans l'enveloppe et se perdre en partie par la purge de cette enveloppe, sans avoir graissé les organes de la machine. En ce cas, il faut faire arriver le lubrifiant à la suite de l'enveloppe soit sur la boîte à tiroir, soit sur le conduit qui fait communiquer l'enveloppe avec la boîte à tiroir.

Quand le moteur comporte un organe influençant l'admission, un régulateur, par exemple, on doit amener le lubrifiant avant cet organe ; cependant s'il existe un tiroir de détente actionné par le régulateur, l'arrivée d'huile peut avoir lieu sur le conduit ou sur la boîte à tiroir. Enfin si l'on est en présence d'une valve subissant les fluctuations du régulateur, il faut avoir soin d'introduire l'huile avant cette valve, de façon à ce que, dans tous les cas, au point choisi, la pression de la vapeur soit la plus régulière possible.

Dans une machine à deux tiroirs ou autres distributeurs, il est préférable, pour obtenir un bon graissage, d'introduire l'huile directement sur chacun ; on pourra résoudre alors la question avec une seule prise de vapeur communiquant avec deux compte-gouttes à la suite desquels seront établis deux tuyaux à huile séparés.

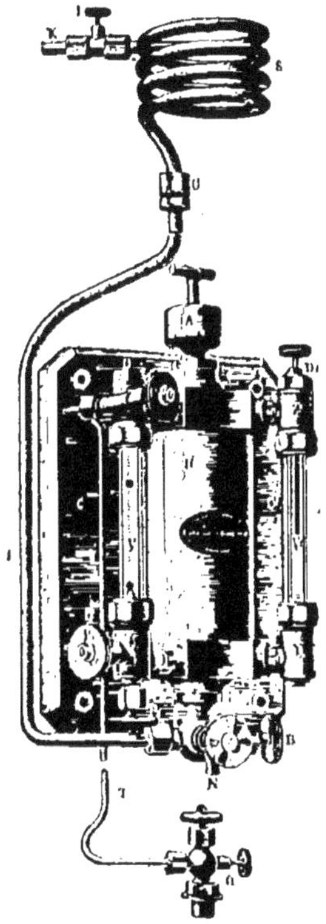

Fig. 657.

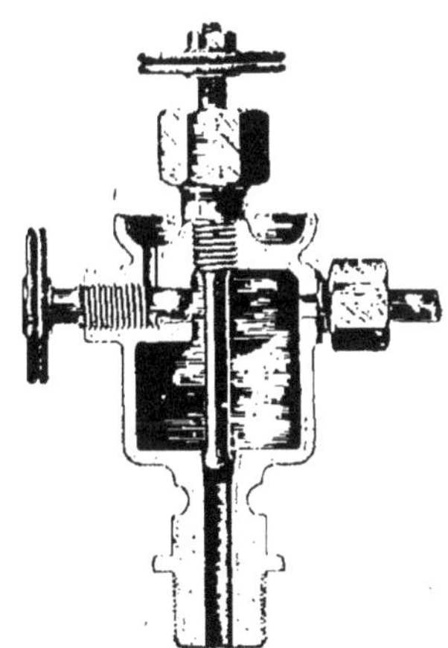

Fig. 658.

En supposant que l'on ait à graisser des machines accouplées et alimentées par la même conduite de vapeur, il ne faut pas amener l'huile à cette dernière, car il pourrait se produire une répartition inégale du lubrifiant ; il est plus judicieux d'établir deux graisseurs directs ou encore un graisseur à deux compte-gouttes, comme ci-dessus. Les moteurs du type compound sont, bien entendu, exceptés, et sont bien graissés par l'arrivée unique d'huile avant le cylindre haute pression.

De même que pour le Consolin, le fonctionnement de l'oléomètre est uniquement basé sur le principe d'une colonne d'eau qui, par sa charge, force l'huile à s'écouler dans la vapeur, puisque l'intérieur de l'appareil est en communication avec le fluide en pression.

La prise de vapeur peut être faite sur la chaudière, sur la machine ou sur la tuyauterie, au point le plus commode pour alimenter le serpentin. Si la prise de vapeur est située plus haut que le serpentin, le tube de vapeur peut être de petit diamètre et offrir une forme quelconque; mais, pour une prise de vapeur placée plus bas que le serpentin, il est nécessaire que le tube de vapeur soit ou vertical ou tout au moins avec une faible pente sans contre-coude et de diamètre assez fort pour que l'eau n'y reste pas en suspension et retourne au contraire vers son point de départ ; sinon il formerait siphon, ce qui annulerait la charge d'eau et arrêterait le graisseur. Le tube de vapeur doit toujours être brûlant, celui de l'eau condensée entre le serpentin et l'appareil doit être tiède.

Quant aux conduits d'huile, ils peuvent être installés d'une façon quelconque, soit en hauteur, soit au-dessous du parquet, à la condition de procéder à l'opération de l'amorçage.

Étant donné qu'il est nécessaire que la prise de vapeur et l'arrivée d'huile soient faites en deux points où il y a équilibre, on voit qu'il est intéressant qu'il n'existe entre ces deux points aucun robinet, papillon ou détendeur dont l'effet serait d'étrangler la vapeur et de diminuer la pression.

Beaucoup d'engins ou d'organes mécaniques ne sont pas

susceptibles, comme l'oléomètre ou le Consolin, d'être mis en communication avec la vapeur sous pression ; lorsqu'il faut cependant leur appliquer le graissage forcé, on leur fournit le lubrifiant au moyen d'appareils actionnés par un renvoi de mouvement léger ; ceux-ci constituent donc une classe de graisseurs seulement mécaniques ; tels sont les systèmes Mollerup et Hamelle qui sont commandés par une pièce mobile quelconque du moteur ou de la machine.

Nous entrerons dans quelques détails à propos de ce dernier (fig. 659) que l'on a dénommé *Oléo-compresseur*; l'alimentation d'huile y est continue; les débits sont visibles et on peut les varier sous une pression constante.

Il comprend : 1° un réservoir en fonte contenant principalement une ou deux petites pompes de compression mues par un levier de commande L, placé à l'extérieur

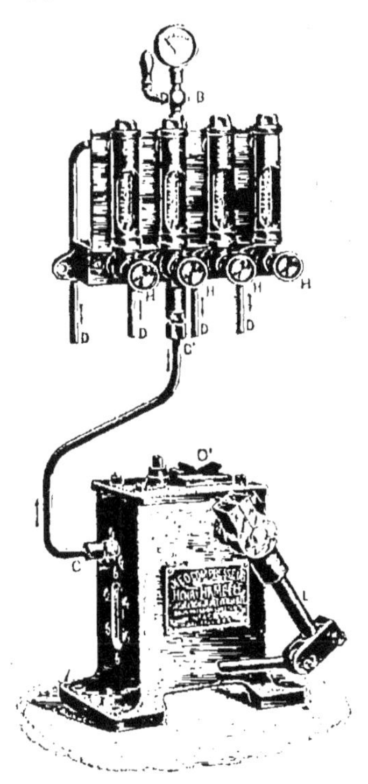

Fig. 659.

du récipient et actionné d'une façon régulière quelconque; les pompes sont de simples plongeurs à fourreau dont la longueur est suffisante pour garantir l'étanchéité ; 2° une rampe de distribution à travers laquelle passe l'huile refoulée par les pompes; on l'installe bien à portée du mécanicien et, munie de compte-gouttes commandés par les pointeaux

H, elle correspond par les raccords de départ D à chacun des points à graisser.

Le réservoir et la rampe sont mis en communication par un seul tube CC'; l'huile refoulée arrive ainsi dans la capacité arrière de la rampe après avoir repoussé la bille *c* maintenue sur son siège par un petit ressort; dans cette chambre débouchent également des raccords TT" permettant, à l'aide d'un courant de vapeur, de maintenir l'huile à un degré de fluidité convenable ; enfin un regard, muni d'une plaque de corne très transparente et placé en dessous du raccord *c'*, rend visible le niveau de l'huile contenue dans la rampe. Le tout est surmonté d'un manomètre.

De cette chambre, l'huile passe goutte à goutte à travers un tube disposé à la partie inférieure et que peuvent obturer des pointeaux H, dans une série de tubes pleins d'eau qui sont maintenus dans un cadre, avec glace épaisse de protection; on évite de cette façon les bris de tubes d'eau qui sont si souvent une cause d'embarras sérieux pour le mécanicien.

Les gouttes d'huile sont donc aperçues dans leur ascension, avant qu'elles ne pénètrent dans la tubulure D contenant, de même que C", une petite bille d'obturation pour empêcher le retour d'huile. Les divers tuyaux, faisant suite aux tubulures D, dirigent alors le lubrifiant vers un robinet d'arrêt multiple dont le rôle est de fermer d'un seul tour de clé et avant l'arrêt de la machine, tous les robinets d'introduction de l'huile placés sur les points à graisser.

De son côté, le réservoir des pompes contient, outre le ou les plongeurs (dont le débit est plus régulier qu'avec un seul piston), dont il existe des modèles de diverses capacités, la tuyauterie double qui se branche dans la culotte G et une sorte de serpentin (fig. 659 à 661) constituant un réchauffeur; il y a en effet à craindre un épaississement de l'huile lorsque les organes du graisseur sont assez éloignés de la machine ou que l'on prévoit un grand froid ; à l'aide d'un courant de vapeur il sera donc possible de maintenir l'huile à bonne fluidité.

Le ressort logé dans le raccord R' est taré à 3 kilogrammes environ pour le graissage à l'air libre ; pour le graissage des cylindres, tiroirs ou prises de vapeur, il est taré selon les besoins, mais généralement à 3 kilogrammes au-dessus de la pression de la vapeur.

Comme on a ménagé, sur le cadre qui maintient la glace de la rampe distributrice, et à l'aplomb de chaue tube de départ, la place pour une inscription indiquant nettement le point à lubrifier, le mécanicien peut à distance diriger sûrement, à l'aide du pointeau, sur un point quelconque de sa machine, telle quantité d'huile qui lui convient, et cela sans courir le risque d'être atteint par un organe en mouvement. Cet appareil présente ainsi

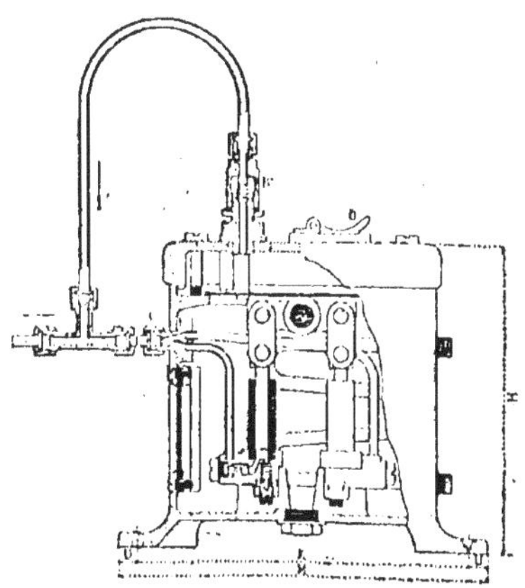

Fig. 660.

le réel avantage de permettre d'arrêter partiellement ou complètement le graissage tout en laissant fonctionner la machine puisque, ainsi que nous l'avons dit, l'huile refoulée en excès fait naturellement retour à la bâche. Enfin la rampe de distribution, qui forme un véritable accumulateur d'huile sous pression, permet de lubrifier, au besoin, certains organes de la machine avant la mise en route.

La rampe de distribution se fixe soit sur la machine, soit ailleurs et à n'importe quelle distance ; on peut donc choisir l'emplacement le plus favorable à la surveillance ; les tuyaux partant des raccords D ou du robinet d'arrêt multiple suivent les sinuosités des pièces principales de la machine jusqu'aux points utiles ; pour les organes dont les mouvements ne permettent pas l'accès de l'extrémité du tube d'amenée d'huile ; bielles, excentriques, etc., on peut fixer sur le point à graisser des godets en bronze qui reçoivent les gouttes de lubrifiant.

Que cet appareil soit appliqué aux machines fixes, aux locomotives ou aux machines marines, pour des huiles très consistantes comme pour les plus fluides, il permet de toute façon de centraliser et surveiller, même à distance et d'un seul point à la volonté du chef d'atelier, le graissage complet d'un ensemble d'engins : on forme un véritable tableau de distribution d'huile expliquant l'économie notable de corps gras qui en résulte.

Dans ces conditions, l'installation complète du graissage dans une grande usine peut se faire de la façon suivante : on choisira les sous-sols pour disposer un ou plusieurs filtres à grand débit, recèvant l'huile ayant déjà servi au graissage de tous les organes ; cette huile, une fois filtrée, s'écoule dans un bac agencé pour recevoir également l'huile neuve; c'est dans celui-ci que puiseront les pompes de l'oléo-compresseur pour l'envoyer soit directement dans la rampe, soit indirectement dans un récipient placé sur le bâti de la machine : le retour d'huile se fait ainsi immédiatement à la sortie du bac.

CHAPITRE VII

RÉGULATION DES TIROIRS

C'est par la régulation des organes de distribution que l'on se rend comple des différentes circonstances qu'elle présente, lors du premier établissement, ou après des réparations et que l'on contrôle si chacune des phases s'exécute conformément au projet, ou correspond à un rendement meilleur du moteur.

Pour y procéder, et nous prendrons comme exemple un tiroir ordinaire à coquille, on relève les positions du piston et du tiroir pour un certain nombre de points de la révolution de la manivelle ; on divise la circonférence décrite par celle-ci en parties égales, 8 ou 16 ; on l'amène successivement sur chaque division ; cette action a entraîné le piston et le tiroir, dont on relève les repères, exactement choisis, sur des réglettes ou calibres ; les distances ainsi déterminées servent ensuite à tracer l'épure et le diagramme théorique, que l'on compare avec le diagramme moyen donné par l'indicateur en cours de marche normale.

Lecture des diagrammes. — Nous avons vu que l'excentrique était calé sur l'arbre de façon à ce que le tiroir fût toujours plus rapproché de son point mort que ne l'est la manivelle de la demi-course; aoa' (fig. 661) est cet angle de calage ou, autrement dit, l'*avance angulaire;* cette avance angulaire et les recouvrements suffisent à modifier totalement la distribution.

Admettons (fig. 662) en effet que, dans le tiroir ordinaire à mi-course, nous ayons a comme recouvrement à l'admission de vapeur et e le recouvrement à l'échappement; au moment où le piston P, venant de passer le point mort, se prépare à effectuer sa course dans le sens de la flèche, il faut que les orifices soient largement découverts; le minimum est a; il y a, en outre, une avance afin que la pleine pression opère dès le début de la course; par conséquent l'angle que fait l'excentrique avec la manivelle au point mort correspondant sera:

$$P_boa' = 90° + \text{angle de recouvrement} + \text{angle d'avance.}$$

Il est à remarquer que nous avons indiqué P_b et P_h comme lettres de référence sur la figure 663; ce n'est pas indifféremment que l'on a adopté cette notation qui résulte de l'habitude que l'on avait, au début de la machine à vapeur, d'appeler point bas le point mort du piston à l'opposé de l'arbre et point haut celui qui est le plus rapproché du même axe, en raison de ce que le piston de Watt était vertical.

Traçons (fig. 663) une circonférence représentant le chemin parcouru par le centre de l'excentrique; P_boc représente l'angle de calage; en arrière de c, il existe une position d qui correspond à l'avance linéaire à l'admission, mesurée de b en m; quand la manivelle est en P_b, l'orifice s'ouvre à la vapeur à partir de d, puis, le mouvement continuant, il se referme en d'; c'est donc pendant que l'arc dP_hd' est parcouru par l'excentrique que se fait l'admission de vapeur au cylindre et cet angle est égal à celui de la manivelle.

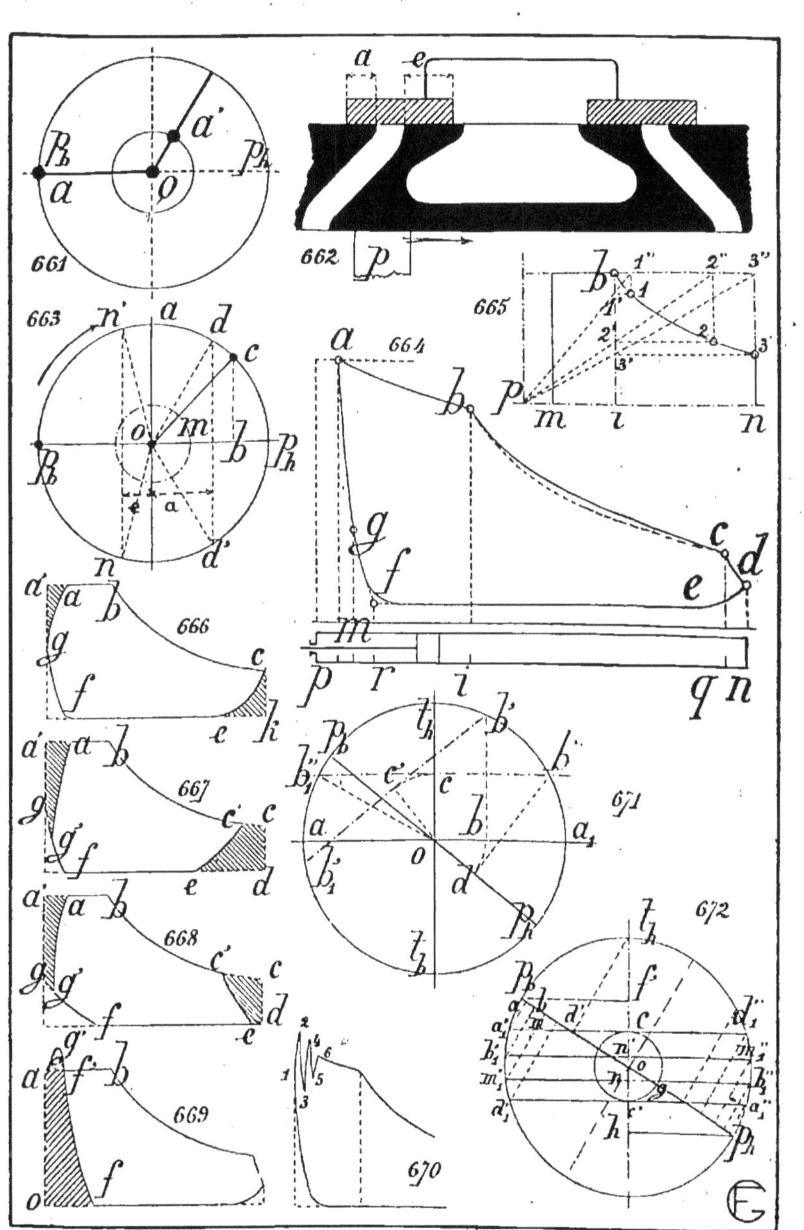

Fig. 661 à 672.

De même l'échappement se produira quand le centre de l'excentrique sera en n et durera durant tout le déplacement de n en P$_i n$'; de n' en c, il y aura donc compression.

Il est donc facile, avec l'épure de la figure 663, de voir que l'arc d'avance à l'admission cd est la différence entre l'arc d'avance Ac et l'arc du recouvrement Ad; que l'arc d'échappement anticipé n'A est la différence entre l'arc de calage et l'arc de recouvrement; que l'arc de compression n'a est la somme de l'arc de calage et de l'arc de recouvrement.

Voici l'influence des variations de grandeur de l'angle de calage sur celles des recouvrements ou de l'excentricité :

Une augmentation de l'angle entraîne une augmentation de la période de détente, aussi bien au-dessus qu'au-dessous du piston ; la période de compression est plus étendue ; l'avance à l'admission augmente très rapidement ; celle à l'échappement augmente.

Si l'angle de calage diminue, l'avance à l'introduction diminue et l'admission semble augmenter alors qu'en réalité le volume de vapeur serait plutôt moindre ; l'échappement et l'avance à l'évacuation diminuent : la détente est plus courte.

Lorsque l'on change le recouvrement et qu'on augmente: 1° Celui de l'admission, l'admission est retardée et l'introduction diminue; la détente augmente donc; mais il n'y a pas de modifications du côté de l'échappement; 2° En réduisant le recouvrement de l'échappement, rien n'est changé pour le haut vapeur, mais la compression diminue, tandis que l'avance à l'évacuation grandit.

Une augmentation de course du tiroir motive une augmentation d'avance à l'admission et d'introduction ; la détente est par conséquent réduite ; la compression diminue et l'avance à l'échappement augmente ; si on diminue la course, l'avance à l'admission et l'introduction sont plus petites ; la détente, plus grande ; l'échappement anticipé est moindre ; la compression augmente.

Si on combine deux de ces éléments, soit, par exemple, la modification du calage et du recouvrement, les effets se produisent simultanément ; en les augmentant l'étendue de la détente augmente pour ces deux raisons ; l'avance à l'introduction augmente sous l'influence de l'angle de calage, mais diminue sous celle de l'augmentation du recouvrement.

Tout ceci n'est, d'ailleurs, qu'approximatif, car nous avons supposé que le tiroir était réuni à l'excentrique de telle façon que l'on pût considérer la barre comme parallèle à la glace ; en ce cas, les recouvrements sont égaux pour le bas comme pour le haut cylindre..

Mais il n'en est pas tout à fait ainsi en exécution ; en tenant compte de la longueur de la grande bielle, le piston se projettera par des arcs de cercle (*Mécanique générale*), alors l'admission serait augmentée dans le bas et diminuée dans le haut ; il en serait de même pour les autres phases correspondantes de la distribution et on contrebalance cet effet en diminuant le recouvrement.

Analyse des diagrammes. — Étant donnée une introduction, il s'agit d'obtenir le plus grand diagramme possible, puisque sa surface représente le maximum d'effet produit par la pression de la vapeur ; examinons donc ce qui se passe dans les périodes successives de la distribution, en supposant que le cylindre est horizontal et en faisant entrer les espaces morts (canaux, fonds de cylindre et cavités quelconques) en ligne de compte.

Représentons (fig. 664) le schéma d'un cylindre et de son piston, celui-ci parcourt réellement *mn*, mais nous figurons les espaces morts par un volume additionnel en prolongement du cylindre *mp*. Nous admettons qu'il y ait un peu d'avance à l'admission, que celle-ci ne soit ouverte que d'une faible quantité ; sous l'influence de la pression, le fluide va donc remplir d'abord cet espace mort et, si l'avance a été convenablement calculée, nous obtiendrons, à l'origine de la course du piston, la pression normale qui actionnera ce piston, la courbe partira, par conséquent, de la hauteur proportionnelle, c'est-à-dire, prise à l'échelle, à la pleine pression.

Nous avons précédemment vu qu'en raison de la vitesse du piston et du frottement de la vapeur dans les conduits d'arrivée, cette hauteur ne pouvait se maintenir ; la courbe baissera donc légèrement et sera ab limitée à la complète introduction.

L'orifice étant fermé, la vapeur se détend, non pas en partant du volume mi, mais bien du volume pi, comprenant les espaces morts ; la courbe de détente est admise conforme au tracé ci-contre (fig. 665) qui est, on le voit, un peu au-dessus de celle qui aurait le point m pour origine des rayons de construction.

Lorsque le piston arrive en g, l'échappement commence à ouvrir, en raison de l'avance à l'évacuation ; la pression tombe brusquement, mais toutefois cette phase demande un certain temps afin que l'équilibre s'établisse, de sorte qu'à la fin de la course la vapeur a encore une tension supérieure à celle de l'échappement, condenseur ou air libre.

Dès ce moment, le piston retourne en arrivée, et la courbe est une horizontale, située à la hauteur de l'évacuation, jusqu'en r.

En ce point, l'échappement se ferme et la compression commence pour tout le volume restant à engendrer, augmentée de l'espace mort ; enfin, au bout de la course, il n'est plus que ce dernier et par conséquent, la pression montera, produisant une courbe que l'on pourrait construire de façon identique à celle de la détente, et qui s'élèvera subitement, aussitôt que se fera sentir l'effet de l'avance à l'admission, à partir de g jusqu'en a.

Tel est, pour une course de piston, le fonctionnement de la machine, qui pourrait se répéter identiquement pour l'autre côté du cylindre; il y a de petites pertes de puissance résultant de l'avance à l'échappement et de l'avance à la compression; nous allons donc les examiner.

1° Supposons (fig. 666) que nous ayons des *avances nulles* et exagérons-en l'effet pour les besoins de la démonstration; avec une avance nulle à l'échappement la courbe de détente irait jusqu'en c, à l'aplomb de la fin de course; puis la pression tombe brusquement, en raison de ce que les lumières se découvrent; mais il se passe un certain temps avant que l'équilibre de pression s'établisse et on a, alors, un triangle de perte cke, qui est plus important que dans la figure 664.

Dans le cas où il n'y a pas d'avance à l'introduction, le tiroir n'ouvre qu'à fin de sa course, en g et de très peu; la vapeur, dont la vitesse est, par conséquent, réduite, comble d'abord les espaces morts avant de pénétrer dans le cylindre, tandis que, de son côté, le piston a, en marchant, déjà parcouru une fraction de sa course $a'a$; il en résulte une perte $a'ga$; ce qui prouve qu'une avance à l'admission est nécessaire, car plus le piston irait vite, plus il y aurait de perte; l'avance à l'introduction est donc liée proportionnellement et de même sens que la vitesse du piston.

Quant à l'avance à l'échappement, il en faudra d'autant plus que la pression finale sera élevée, c'est-à-dire que la détente sera poussée moins loin.

2° Lorsqu'au contraire la distribution se fait en présence de *retards*, la courbe des pressions, du côté de l'échappement, se prolonge jusqu'au bout; puis le piston commence sa course de retour sans que le tiroir soit ouvert: c'est là l'hypothèse. La vapeur qui a travaillé va donc être comprimée ; sa pression monte, traçant une courbe identique à celle de la détente et l'on aura finalement un arc cc' à l'extrémité seulement duquel (fig. 667), s'ouvre la lumière d'échappement ; la courbe d'échappement est $c'e$ limitant la perte à la surface $c'cde$.

Si le retard se produit pour l'admission. c'est que nous nous figurons que le piston achève sa course jusqu'en g sans que l'introduction soit ouverte ; puis le piston revient, provoquant une diminution de pression qui s'accuse en g' ; ce n'est qu'à ce point que la vapeur est admise et, prenant un certain temps pour remplir les volumes qui lui sont offerts, dans les mêmes conditions déjà exposées, arrive en a ; la perte de travail est représentée par $g'ga'a$.

3° Il peut encore arriver qu'on ait des *avances exagérées* (fig. 668) ; si c'est du côté de l'échappement, et que l'on ouvre, par exemple, prématurément en c', l'équilibre de pression se fera avant la fin de la course ; le piston avancera sans production de travail et on ne réaliserait qu'une perte assez notable $c'c'de$; il en serait de même pour l'introduction où le déchet serait $g'ga'a$.

4° Supposons, en dernier lieu, que nous rencontrions (fig, 669) une *compression exagérée*, qu'elle commence en f, avant la fin de la course et que la pression atteigne, toujours avant la fin de la course, une valeur supérieure à celle de l'introduction, en g' ; dans de semblables conditions, le but que l'on se proposait est dépassé ; il y a non seulement le travail perdu qui correspond à $ff'ao$, mais un travail supplémentaire fourni par la machine inutilement, $f'g'a$, pendant lequel la pression retombe en a, à la pression initiale ; on voit donc quelle importance a l'étendue de la compression.

Ordinairement, lorsqu'on relève des diagrammes avec des indicateurs à piston, on peut remarquer une série d'ondulations (fig. 670) 1, 2, 3, 4, 5, ... qu'il ne faut pas confondre avec les compressions exagérées, malgré l'enchevêtrement des traits; elles sont provoquées par l'inertie du petit piston de l'indicateur; le ressort est comprimé au-delà de la pression réelle et l'équilibre ne s'établit qu'après quelques flottements; on leur substitue la courbe réelle en pointillé.

Épure circulaire. — C'est un tracé géométrique servant à construire un tiroir réalisant le programme imposé au tiroir, relativement au fonctionnement du piston. On se donne :

La période d'*introduction* à pleine pression ;

L'avance à l'*échappement ;*

La période de *compression ;*

L'avance à l'*admission.*

En outre, on connait les dimensions absolues des orifices et leur emplacement sur le cylindre; on les désigne ordinairement par des abréviations qui indiquent nettement leur rôle eu égard à la position du piston ; du côté de l'arbre, HV ou haut vapeur pour l'admission et HC ou haut condenseur pour l'échappement ; à l'opposé, c'est BV pour l'admission, BC pour l'échappement ; les indices P_h, P_b, T_h, T_b, représentent aussi les positions du piston ou du tiroir par rapport à l'arbre moteur. Traçons une circonférence de rayon arbitraire et, par le centre (fig. 671), menons une horizontale indéfinie ; à partir de a, je porte en ab la fraction de course proportionnelle à la phase d'introduction à pleine pression. Nous savons que ce point b est la projection de l'arc d'introduction décrit par le centre de l'excentrique autour du centre de la manivelle; en élevant donc bb' perpendiculaire sur l'horizontale, nous obtenons b' pour une des extrémités de l'arc d'admission; quant à l'autre, elle est évidemment en-dessous de a, d'une quantité correspondante à l'arc d'avance à l'admission que nous avons choisie, soit b_1'.

Par conséquent, en joignant b_1', b', nous obtenons la corde sous-tendante de l'arc complet d'introduction et, pour avoir cette ligne en position réelle, nous devons la rendre horizontale en la faisant tourner autour de o; on abaisse du centre une perpendiculaire sur la direction b_1', b'; on reporte sa longueur sur le diamètre vertical, en c, et on mène b_1'', b'' parallèle à oa. De même. dans cette rotation le diamètre oa est arrivé dans sa position respective en P_b, P_h et de telle sorte que b'' se projette en d, à l'extrémité de l'arc décrit avec ob, puisque les angles sont égaux; menant T_h, T_b perpendiculaire à aa_1, l'angle de calage de l'excentrique est T_hoP_h et P_bob'', est l'avance à l'admission.

Or nous avons exécuté ce tracé avec un rayon arbitraire; il s'agit maintenant de le déterminer, car c'est celui qu'il faudrait adopter pour l'excentrique qui conduirait un tiroir à coquille répondant aux conditions posées.

Remarquons pour cela, que, sur la figure, la quantité dont l'orifice découvrirait serait T_hc puisque, par la construction effectuée $b_1''T_hb''$ est l'arc total d'admission; comme, d'autre part, la dimension de la lumière est prise sur le cylindre, en vraie grandeur, nous pouvons en choisir telle fraction convenable comme ouverture libre à la vapeur; c'est donc un découvrement connu auquel cT_h devra être égal.

La trigonométrie nous donne :

$$oc = oa \times \text{Cos. } T_bob_1'',$$

et, comme cet angle est la différence entre l'angle de calage T_boP_b et l'angle d'avance P_bob'', que nous désignerons respectivement par α et β, comme, en outre :

$$oc = oT_h - cT_h,$$

il viendra, pour expression du rayon r de l'excentrique :

$$r = \frac{cT_h}{1 - \text{Cos.} (\alpha - \beta)}.$$

C'est avec ce rayon que l'on trace une nouvelle figure sur laquelle on relèvera les dimensions du tiroir au moyen des recouvrements, car, pour l'échappement, ayant l'avance à l'échappement, on opère comme précédemment.

Appliquons maintenant cette méthode à une révolution entière (fig. 672) : $T_h O P_h$ est l'angle de calage ; og est le recouvrement à l'introduction et gF l'avance à l'admission. Décrivant une circonférence og, à laquelle nous menons les tangentes horizontales, nous obtenons a_1' et son homologue a_1'', que nous projetons en a et en a' ; des tracés semblables donneraient, pour l'échappement, bb', m, b', m'. Ces divers points permettent de dresser le tableau ci-dessous, qui résume tout ce qui a rapport aux positions correspondantes du tiroir et du piston :

	Admission anticipée.		Introduction		Échappement anticipé.		Compression.	
	Bas.	Haut	Bas.	Haut.	Bas.	Haut.	Bas.	Haut.
Course du piston.	$P_b a$	$P_h a'$	$P_b d$	$P_h d'$	$P_h m'$	$P_b m$	$P_b b$	$P_h b'$
Arc	$b a'_1$	$P_h a''_1$	»	»	$P_h m''_1$	$P_b m'_1$	$P_b b'_1$	$P_h b''_1$
Ouverture de la lumière.	cF	$c'H$	»	»	N H	N F'	»	»
Recouvrements. .	»	»	oc	oc'	N'o	No	»	»
Maximum d'ouverture.	»	»	$T_h c$	$T_b c'$	$T_b N'$	$T_h N$	»	»

On pourrait tenir compte de l'obliquité de la grande bielle et en corriger l'influence; mais il serait trop difficile d'en faire autant pour la barre d'excentrique ; d'ailleurs les différences sont extrêmement minimes.

Application de l'épure sinusoïdale. — Elle est basée sur les principes que nous avons étudiés dans la *Mécanique générale*, et relatifs aux lois d'un mouvement varié périodique, tel que celui dont sont animés le piston et le tiroir ; en se reportant à ce chapitre, il sera facile de comprendre pourquoi la courbe du mouvement n'est pas symétrique par rapport à l'axe médian ; rappelons simplement ici que cela provient de l'influence de l'obliquité de la grande bielle, dont ne tient pas compte l'épure circulaire.

Le procédé consiste à faire marcher la manivelle en tournant au volant, préalablement divisé en un certain nombre d'arcs égaux : vingt-quatre par exemple ; pour cela il suffit d'en prendre le développement et d'en repérer d'une façon bien visible chaque fraction ; les points ainsi définis sont successivement présentés en regard d'une ligne ou arête absolument invariable ; des réglettes sont disposées à proximité et parallèlement ; d'une part pour mesurer les déplacements d'un point, commode à suivre, de la tige du piston ou de sa crosse ; d'autre part ceux du tiroir ordinaire et des tiroirs de détente, s'il en existe, pour chacune des vingt-quatre divisions du volant.

Cette méthode est, évidemment, la plus voisine de la réalité ; néanmoins elle n'est pas complètement rigoureuse ; car, en faisant marcher la manivelle, on entraine la bielle et le piston, alors que c'est celui-ci qui pousse celles-là et que, par conséquent, le jeu dans les articulations est de sens inverse aux indications recueillies ; au surplus, on fait ces relevés à froid et il y a certainement des divergences avec ce qui se passe quand la vapeur porte à plus haute température des pièces différemment exposées à son action.

Enfin il faut avoir soin que tous les éléments dont on a
besoin soient pris, simultanément, pour la même révolution
du volant ; on s'attachera, en particulier, à connaître très
exactement les extrémités des courses, c'est-à-dire les

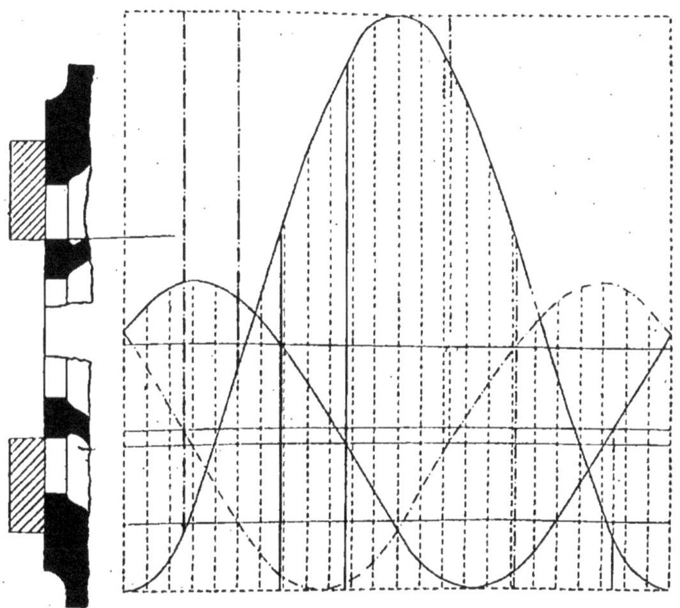

Fig. 673-674.

points morts haut et bas qui limitent exactement les courses
du piston et des tiroirs.

Muni des calibres où sont en ordre parfait et nettement
indiquées les courses rectilignes du piston et du tiroir, on
trace une droite sur laquelle sont portées vingt-quatre divisions arbitraires (fig. 673) et, par chacune, on élève des
ordonnées; c'est le développement d'un tour de la manivelle;
sur ces ordonnées on porte les longueurs correspondantes

	0	1	2	3	4	5	6	7	8	9	10	11	12	13	14	15	16	17	18	19	20	21	22	23	0
Piston...	P_b	11	46	105	190	277	371	472	561	632	689	728	740	728	687	629	558	470	369	275	187	103	44	11	0
Tiroir...	66	72	76	79	77	75	69	61	54	43	34	24	15	7	3	0	0	3	10	18	27	36	47	57	66
Avances..	3,5	»	»	»	»	»	»	»	»	»	»	»	3	»	»	»	»	»	»	»	»	»	»	»	»

données par les réglettes ; dont on a préalablement dressé un tableau du modèle ci-contre, dans lequel des chiffres simplifient les explications.

Pour le piston et pour le tiroir on réunit les points extrêmes des ordonnées par une courbe sinusoïdale que l'on régularise, s'il le faut, dans les parties intermédiaires (fig. 673); ces courbes représentent respectivement les chemins parcourus pour un tour complet et servent à suivre la marche, division par division du volant.

En résumé, on possède tous les éléments de la distribution, relativement à une révolution de la manivelle, puisqu'on n'a qu'à les mesurer à l'échelle sur l'épure, où elles sont déterminées par les ordonnées interceptées par la courbe du piston.

En raison des remarques que nous avons précédemment faites sur les avances et les compressions ainsi que sur la combinaison des éléments de la distribution, on peut dire que, plus il y aura de compression, mo ins l'avance sera nécessaire, il arriverait même que l'on produirait des chocs sans un examen attentif de l'épure.

La vitesse du piston doit également intervenir, puisqu'alors il faut un temps matériel suffisant à la vapeur pour arriver au contact ; donc augmenter les avances à l'admission dans ce cas. C'est dans ce sens aussi que l'on parera aux effets de lumières étroites et pour le même motif.

La longueur de la course, pour un volume donné, a encore une certaine influence ; donner plus d'avance pour des cylindres longs.

Quand on a relevé toutes les circonstances ci-dessus, il ne reste qu'à tracer le diagramme théorique pour chaque face du piston ; ces diagrammes sont plus exacts que le tracé par points que nous avons montré, et on s'en sert pour déterminer la pression moyenne P que l'on fait entrer dans la formule :

$$\frac{S \, V \, P}{75}.$$

Mais rien ne vaut autant que la courbe prise par l'indicateur pour savoir d'une façon absolue ce qui se passe dans l'intérieur du cylindre.

Distribution par soupapes. — L'étude détaillée qui précède s'applique avec beaucoup plus de simplicité aux distributeurs par soupapes, dont le but est de réduire considérablement les espaces morts et d'obtenir presque instantanément les sections nécessaires au passage du fluide ; aussi la courbe des pressions affecte-t-elle une forme à périodes plus nettes et à limites plus tranchées.

Les conditions auxquelles on cherche à satisfaire avec les soupapes, et en particulier avec les soupapes dites équilibrées, sont en effet de réduire à leur minimum les espaces nuisibles au moyen de passages aussi directs et courts que

possible (fig. 675) ; d'obtenir une meilleure étanchéité sans
compliquer la construction ; de supprimer à peu près totalement les résistances aux mouvements d'ouverture et de
fermeture des obturateurs ; d'obtenir, sans martelage appréciable, que les soupapes s'appliquent rapidement sur leurs

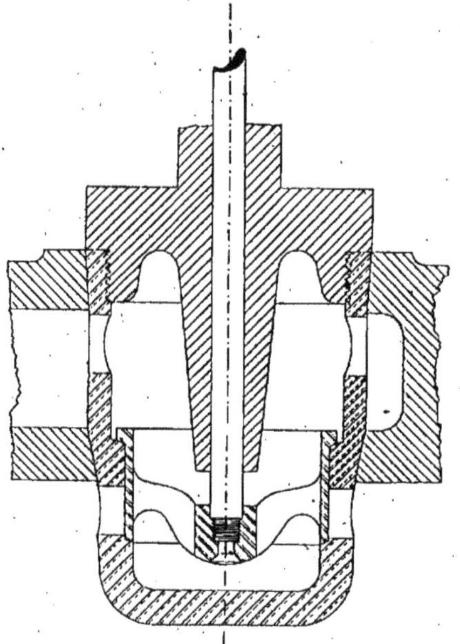

Fig. 675.

sièges ; de pourvoir à une vitesse accélérée de la machine
tout en diminuant leur course en amplitude ; de se prêter
au fonctionnement du moteur lorsqu'on soumet la vapeur
d'introduction à la surchauffe et, enfin, de permettre un
accès facile au piston et à l'intérieur du cylindre lors des
visites ou des réparations.

Divers genres de soupapes ont été montrés incidemment
dans le courant de ce volume ; en général, ce sont des

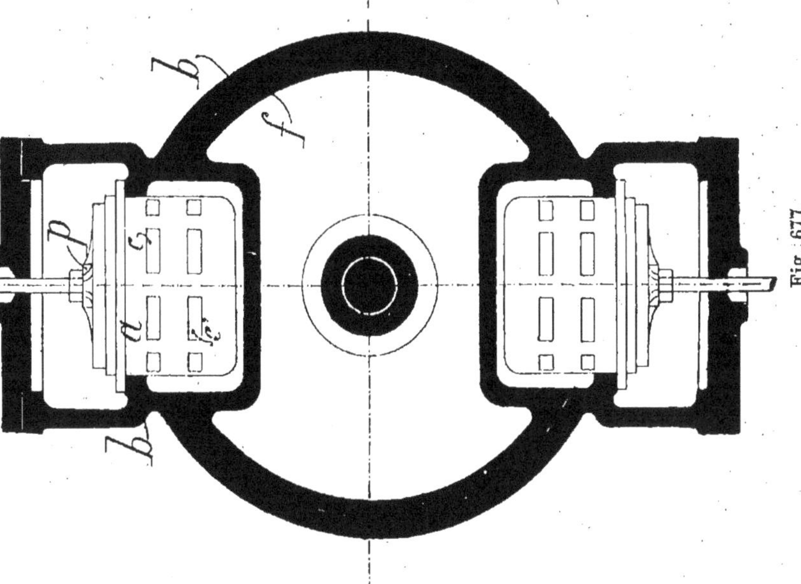

Fig. 677.

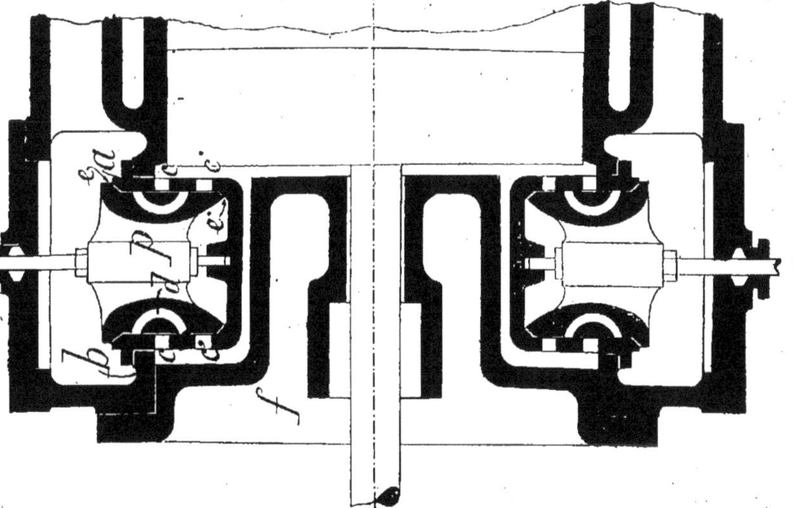

Fig. 676.

obturateurs équilibrés au nombre de quatre : deux pour l'admission et deux pour l'évacuation, qui sont isolés les uns des autres (types Sulzer et Corliss ou Farcot) ; on place ces soupapes aux extrémités du cylindre à vapeur.

Il reste donc à parler des obturateurs dénommés *soupapes-pistons* parce qu'ils sont agencés pour fonctionner étanches sur leur pourtour cylindrique ; un exemple de ce mode de distribution est donné par les figures 676 et 677, qui se rapportent aux soupapes-pistons du système Voutam.

Ces figures sont celles de soupapes équilibrées, placées à une extrémité du cylindre, qui sont identiques pour l'introduction ou l'évacuation du fluide ; elles comprennent une sorte de corbeille circulaire a se logeant dans un alésage approprié du cylindre b de la machine ; la corbeille est solidement fixée en place par des boulons. Elle est percée de deux étages de lumières c, c' disposées circulairement et, parallèlement, à quelque distance en hauteur.

Le piston distributeur p se meut verticalement dans cette corbeille fixe ; il y est pratiqué des canaux d à section circulaire qui peuvent mettre en communication les orifices c avec la vapeur affluente, tandis que les lumières c', découvertes dans le mouvement de levée, donnent passage au fluide en pression répandu vers le centre de la soupape qui est en communication constante avec l'arrivée de vapeur. De toute façon, le conduit d permet aux deux rangées superposées d'orifices de s'ouvrir simultanément.

Par conséquent, cette disposition réduit de moitié la course d'un piston correspondant, pour un même diamètre, ainsi que, d'ailleurs, l'amplitude du mouvement de toutes les pièces actionnant ledit piston ; elle permet donc aux mécanismes de fonctionner à des vitesses accélérées tout en admettant la vapeur beaucoup plus vivement dans le cylindre.

L'ouverture des lumières se fait d'un mouvement bien tranché, à cause du faible recouvrement que possède le piston distributeur et, de plus, ce recouvrement intervient pour provoquer la fermeture en pleine vitesse, tandis qu'au contraire l'amortissement de la vitesse de l'appareil a lieu pendant la période correspondant à ce même recouvrement; c'est ainsi qu'est atténué à peu près totalement le martelage du siège sans recourir à l'emploi des amortisseurs délicats qu'exigent généralement les soupapes à double siège.

Comme, d'autre part, la soupape est disposée de manière à ce que les deux étages d'orifices soient situés dans l'intérieur de l'alésage, c'est-à-dire d'un appendice intérieur du cylindre, l'espace nuisible s'en trouve considérablement réduit; il faut remarquer aussi que ce mode de distributeur offre des passages très directs à l'entrée et à la sortie de la vapeur qui évitent, de la sorte, tout laminage du fluide, ce qui constitue toujours une perte.

L'obturateur p est ajusté très exactement et, en outre, rodé dans la corbeille a; par conséquent, les recouvrements du piston dans l'intérieur de la corbeille suffisent à assurer l'étanchéité à l'endroit des passages de vapeur; cependant, pour donner un supplément de garantie concernant l'étanchéité, le piston de distribution p est muni de sièges coniques auxiliaires e, e' qui sont également rodés, ainsi que cela se pratique à l'ordinaire pour les soupapes à double siège.

Il est bien entendu que ces joints coniques n'ont pour fonction que d'arrêter absolument les fuites susceptibles de se produire sur le pourtour extérieur du piston et ne constituent pas du tout un moyen de régler la période de l'admission (ou de l'échappement) comme cela se fait actuellement dans les simples soupapes à double siège.

Les corbeilles et obturateurs ainsi combinés réduisent à

leur minimum les espaces morts sans qu'il soit nécessaire de les placer dans les fonds des cylindres, ce qui est toujours une complication dans la construction, entraînant une dépense supplémentaire ; comme elles sont indépendantes du couvercle ou du fond du cylindre, il est extrêmement facile, en cas d'urgence, d'examiner le piston ou l'intérieur du cylindre après qu'on aura démonté le fond *f* dont le joint est facile à refaire.

S'il fallait, cependant, retirer complètement le piston ou le fourreau du cylindre, il suffirait d'enlever les quelques prisonniers de la corbeille pour enlever d'un seul coup l'ensemble de l'obturateur.

Les soupapes-pistons sont parfaitement équilibrées et ne nécessitent aucun segment ; l'effort pour les manœuvrer est donc minime et ce genre de construction permet, en outre, pour les mêmes motifs, l'emploi des hautes températures et des hautes pressions.

Au contraire des obturateurs à segments, ils ne produisent pas de frottement entrant pour une proportion souvent considérable dans le rendement du moteur et n'étant pas compliqués, ils n'ont pas besoin d'un entretien fréquent ni d'un graissage abondant comme le nécessite parfois la surchauffe.

Enfin il faut bien remarquer que le cylindre est symétrique et que les conduits d'admission et d'échappement sont semblables ; la dilatation se fera, pour cette raison, d'une manière régulière et uniforme, ce qui est de la plus haute importance pour les machines employant la vapeur surchauffée, car on pare, par cette précaution, aux chances de rupture ou de torsion du cylindre.

CHAPITRE VIII

RÉGULATEURS

On a donné ce nom générique aux appareils qui ont pour but de maintenir la vitesse d'un moteur entre des limites déterminées lorsqu'il est soumis à des variations de résistances imprévues et non périodiques ; on les appelle encore modérateurs, mais la première dénomination a prévalu pour les machines à vapeur ; quand ces variations sont connues et qu'elles se reproduisent selon une loi quelconque, on les contrebalance en totalité par l'emploi d'un volant ; nous nous contenterons de dire, à ce sujet, que cet organe est une sorte de réservoir d'énergie dont le rôle est d'absorber la force en son plein effet, afin d'en restituer une partie au moment où l'effort moteur diminue pour une raison ou une autre

Les calculs servant à l'établissement des volants ne peuvent prendre place en cet ouvrage ; nous dirons seulement que, basés sur le principe de l'inertie de la matière en mouvement, c'est au moyen de l'épure des efforts aux principaux points de la course qu'on détermine leurs éléments.

Les régulateurs agissent, dans les machines à vapeur, sur la puissance ; pour les uns, c'est sur la valve principale de la tuyauterie que l'on dirige cette action : pour d'autres, c'est sur l'introduction dans la boîte à tiroirs ou à soupapes ; mais il est bien préférable qu'ils soient disposés pour modifier, dans un sens ou dans l'autre, la distribution elle-même de la vapeur, car, ainsi, il n'y a pas de perte par étranglement de ce fluide.

Le premier régulateur en date est le régulateur à pendule de Watt, dont nous montrons en détail le mode de calcul comme application simple de ce que nous en avons dit en *Mécanique générale*.

C'est un losange tournant autour d'une de ses diagonales ; le sommet en est fixé sur l'axe de rotation et l'autre angle maintient un manchon coulissant verticalement ; un levier adapté à ce dernier ouvre plus ou moins l'admission de vapeur et de lourdes boules terminent les bras pendants ; les autres régulateurs sont les mêmes, en principe.

Ce qu'il faut surtout envisager, c'est la forme qu'il va affecter quand il tourne à sa vitesse de régime ; appelons ω cette vitesse ; nous allons, à ce propos, faire intervenir le théorème des moments (*Mécanique générale*).

Le bras (fig. 678) est soumis à l'action simultanée de trois forces : le poids de la boule p, une force horizontale selon la tangente (voir les éléments relatifs à la force centrifuge) et qui a pour expression :

$$\frac{p \times PF \times \omega^2}{g},$$

enfin la réaction en A, annulée par l'assemblage ; en prenant les moments dans les conditions du théorème rappelé plus haut :

$$p \times PF = \frac{p \times PF \times \omega^2}{g} \times h,$$

d'où :

$$h = \frac{g}{\omega}.$$

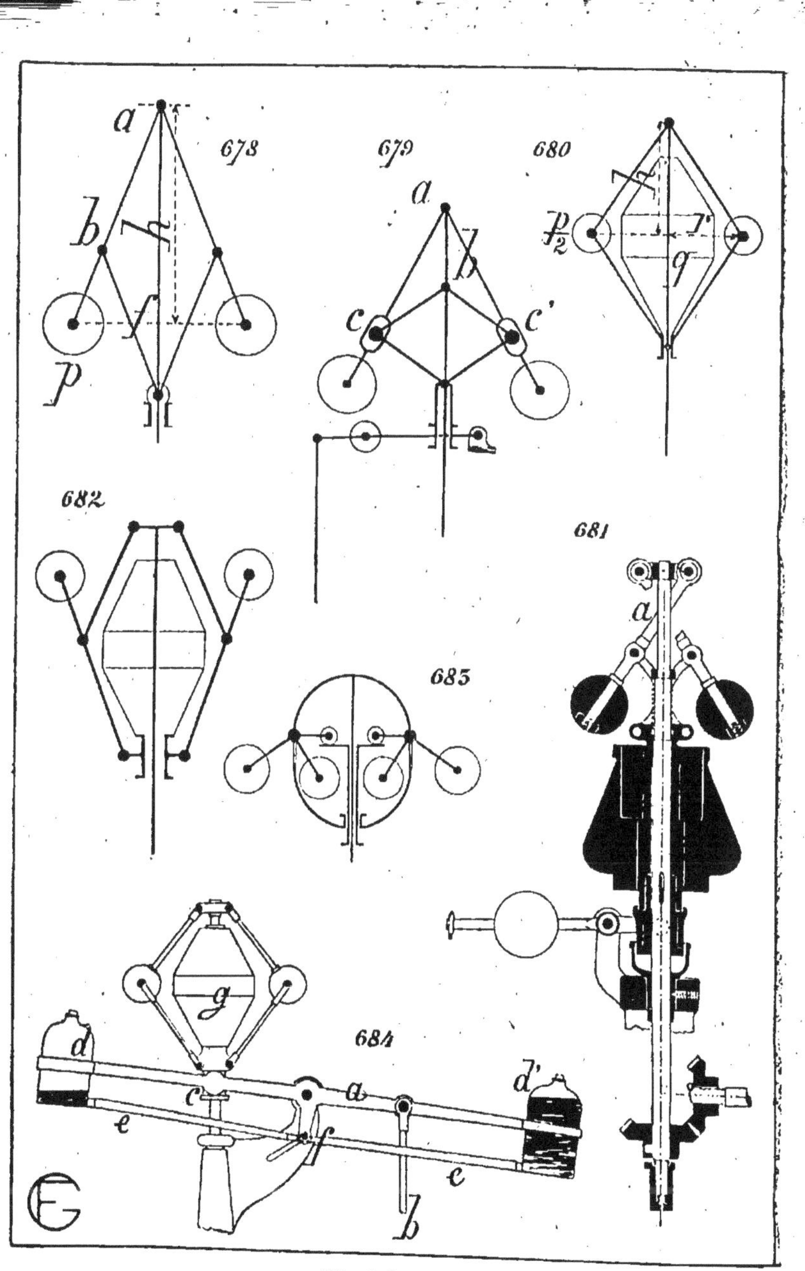

678
679
680
682
681
685
684
Fig. 678 à 684.

En d'autres termes : pour une vitesse donnée, il n'y a qu'une seule ouverture de l'appareil d'admission et on appelle *statisme* du régulateur à force centrifuge la propriété que possède cet appareil de n'avoir qu'une seule position d'équilibre pour une vitesse de rotation déterminée ; la vitesse d'équilibre va en croissant lorsque la douille monte et en décroissant lorsqu'elle descend.

La différence de vitesse correspondant aux positions extrêmes de cette douille s'appelle le *degré de statisme* du régulateur.

Pour qu'un régulateur règle bien et que sa marche soit stable et tranquille, il faut que son degré de statisme soit élevé ; autrement sa marche est agitée et il se déplace constamment sans cause apparente.

C'est là l'inconvénient du régulateur de Watt et, dans les autres systèmes, les constructeurs se sont ingéniés à obtenir le plein effet pour un espace plus ou moins grand d'écartement des boules.

h étant la variation de vitesse prévue et p le poids mort de la moitié des branches, et $\dfrac{a}{b} = \dfrac{AB}{AP}$, le poids d'une boule résulte de la formule :

$$P = p \times h \times \frac{a}{b},$$

Ordinairement, on fabrique les boules creuses de façon à pouvoir en compléter le poids avec du plomb fondu ; on change ainsi l'intensité d'action de l'appareil que l'on peut encore, parfois, modifier par le déplacement des poids P sur leur tige.

Dans les régulateurs du type Dubois ou Andrade, des butées maintiennent l'oscillation des leviers entre des limites fixes ; dans le premier, il existe, sur la tige commandant tout le mouvement, des vis à filets de sens contraires dans lesquels mordent des portions d'écrous réunies, de haut en bas, par deux plaques; ces plaques, qui ont une rainure concentrique à l'articulation des biellettes, sont tantôt sollicitées dans un sens, correspondant à une accélération de vitesse, et tantôt dans l'autre, pour un mouvement retardé, de façon à ce que ce soit le moteur lui-même qui fasse mouvoir le régulateur; à la vitesse de régime, les écrous sont dégagés complètement et simultanément.

Dans le second, on a triangulation indéformable à chaque extrémité de la variation (fig. 679); les quatre côtés du losange sont pris égaux à ab et les sommets c et c' peuvent coulisser dans les fentes des biellettes des boules; le levier, actionné par le manchon mobile, supporte un contrepoids dont on peut faire varier l'influence.

Les régulateurs Porter et analogues (fig. 680) ont un manchon surmonté d'un contrepoids que l'on peut considérer comme réparti sur les deux boules classiques du régulateur de Watt; la formule pour celui-ci est, en conservant les notations ci-dessus :

$$\omega^2 \frac{g}{h} \times \frac{P + Q}{P},$$

ce qui indique que si l'on passe à une autre vitesse ω' que la vitesse de régime ω, le régulateur aura d'autant plus d'influence que Q sera considérable; ce poids tend donc à régulariser sensiblement le modérateur; il est énergique sous un faible poids et avec un volume restreint. Cependant, comme celui de Watt, il a l'inconvénient de ne bien fonctionner qu'à la vitesse de régime, alors qu'il serait désirable qu'il puisse se placer à la même vitesse quelle que soit l'introduction de vapeur.

On a proposé de le placer horizontalement, en remplaçant le poids mort Q par un ressort énergique qui remplit le même rôle.

Le régulateur Farcot (fig. 681) a été imaginé d'abord pour
faire parcourir aux boules une parabole approchée qui est
la courbe satisfaisant à la condition que, dans la formule :

$$\omega^2 = \frac{g}{h}$$

h soit constant ; les proportions qu'on donne aux régulateurs de ce système sont basées sur un tracé par lequel on
détermine la position de a. Les bielles sont croisées ; le
poids des boules se prend comme précédemment, de sorte
que cet appareil est suffisamment isochrone pour garder
l'équilibre en tous points de sa levée et pour une vitesse
constante. Le plus souvent, le levier de manœuvre est
articulé à une tige portant une crémaillère ou tout autre
organe d'enclenchement qui actionne l'axe de la valve, le
doigt de détente spécial à ce constructeur aussi bien que
n'importe quel dispositif modifiant le jeu des soupapes.

Le régulateur Davier, aussi bien que celui de Prœll, est
un Watt renversé, malgré leur différence d'apparence ; le
premier consiste en une sphère creuse (fig. 682), à masses
inégalement réparties ; cette sphère est portée par son
centre sur l'arbre vertical qui participe au mouvement du
moteur ; extérieurement, est, venu de fonte avec elle, un
anneau (qui lui a fait donner le nom : à anneau de Saturne)
plein vers la droite et creux vers la gauche ; il y a même un
renflement dans l'intérieur de la sphère. Le centre en étant
invariable, en raison du poids total, c'est le manchon qui
monte ou descend sous l'attraction du levier coudé qui fait
partie de la masse du métal.

Enfin, dans le même ordre d'idées, on a imaginé le régulateur Casinus (fig. 683) pour toutes les forces de moteurs,
depuis 2 jusqu'à 1,000 chevaux, qui possède l'isochronisme
complet, quelle que soit la différence des vitesses limites ;
de plus, il peut agir entre des vitesses que l'on se donne

d'avance. Pour un côté de l'axe, trois bielles sont montées sur le même centre, deux d'entre elles sont à angle droit, tandis que le troisième levier se termine par un galet ; la position ou plutôt l'angle de ce dernier bras avec l'ensemble des deux précédents change selon le degré de régularité que l'on désire. Ce galet, en s'appuyant sur une surface fixe de l'axe moteur, fait monter ou descendre tout l'appareil dont le bas est formé en embase de manchon.

Malgré la perfection de certains régulateurs, il est des éléments que l'on ne peut estimer et qui, parfois même, sont la conséquence des irrégularités du volant ; c'est pourquoi on doit presque toujours les vérifier et les corriger lors du montage ; cela a lieu, comme nous l'avons précédemment vu, par l'addition de plomb fondu, ou encore de rondelles pour fournir un poids supplémentaire ; on emploie également dans ce but des tiges filetées pour faire varier la longueur des articulations ; si l'on agit sur la course du manchon, on s'en prend aux leviers de commande ; enfin on peut provoquer des résistances au mouvement même du manchon. Quoi qu'il en soit, il est toujours bon d'équilibrer les leviers des régulateurs, pour qu'ils soient plus sensibles à l'inertie de leurs masses centrifuges ; certains constructeurs disposent des freins à liquide pour adoucir les effets de ces masses, tout en réglant l'appareil à sa vitesse de régime.

Dans bien des cas, en effet, il est à désirer que la vitesse du moteur à régler soit plus grande à pleine charge que pendant la marche à vide, condition qui reviendrait à construire un régulateur à statisme renversé ; or, il est facile de comprendre qu'un pareil régulateur fonctionnerait à contresens, c'est-à-dire qu'il ouvrirait l'admission du fluide moteur lorsque le moteur va trop vite et la fermerait lorsqu'il marche trop lentement.

C'est dans cet ordre d'idées qu'a été combiné le régulateur Piccard et Pictet, à statisme renversé ; le statisme change après chaque déplacement de la douille ; nous en donnons (fig. 684) un exemple schématique.

Le levier a, qui transmet par l'intermédiaire de la tige b les mouvements de la douille c à l'organe d'admission du fluide moteur, porte à ses extrémités deux récipients d, d' qui communiquent ensemble par le tuyau e muni d'un robinet de réglage f.

Ces deux bouteilles sont remplies partiellement d'un liquide quelconque.

Si le moteur marche trop vite, la douille c s'élèvera et la tige b fermera un [peu l'admission du fluide moteur ; par suite de ce mouvement, la bouteille d a été un peu soulevée tandis que d' a été abaissée ; la première se videra donc partiellement dans l'autre par le tuyau e.

Ce déplacement de poids du liquide, d'un bout à l'autre du levier a, tendra à soulever la masse centrale g, ce qui aura pour effet, comme on le sait, de faire diminuer la vitesse d'équilibre du régulateur.

Si la vitesse du moteur venait, au contraire, à diminuer, la douille c descendrait, le levier a s'inclinerait dans le sens opposé au précédent et le poids de la masse centrale s'en trouverait augmenté ; ce qui ferait accroître la vitesse d'équilibre du régulateur.

Il y a donc, dans le fonctionnement de ce régulateur, deux effets successifs : le premier est l'effet du régulateur ordinaire, qui est statique ; le second effet, dû au déplacement du liquide, est consécutif au premier et change le statisme naturel du régulateur.

On peut évidemment choisir à volonté la capacité des récipients et changer, par conséquent, le statisme dans la mesure que l'on veut : l'atténuer, l'annuler ou le renverser ; enfin, par le robinet f on règle la plus ou moins grande rapidité de l'effet du déplacement du liquide.

CHAPITRE IX

PRÉCAUTIONS GÉNÉRALES CONCERNANT LES MACHINES A VAPEUR [1]

La machine à vapeur, qui est, pour ainsi dire, l'âme de l'usine dans laquelle on l'emploie pour mettre tous les autres organes ou mécanismes en mouvement, doit être l'objet de soins spéciaux, car les accidents dont elle est la cause directe ou indirecte affectent une gravité exceptionnelle. Sa conduite ne doit être confiée qu'à des hommes expérimentés, soigneux et sûrs ; elle doit être tenue constamment en parfait état et les prescriptions qui la concernent demandent à être suivies à la lettre.

En principe, il faut toujours la placer dans une chambre ou dans un bâtiment spécial ; car son entretien est alors plus facile et les accidents moins à craindre ; la circulation doit être commode tout autour du moteur ; en outre il est bon d'en interdire rigoureusement l'entrée à tous ceux qui

(1) D'après l'Association des Industriels de France contre les accidents du travail.

ne feraient pas partie du personnel des machines ou de la chaufferie ; une inscription dans ce sens et des ordres au chef mécanicien feront respecter cette interdiction.

Machines horizontales. — Elles sont, la plupart du temps, montées sur bâti, avec leurs glissières et paliers

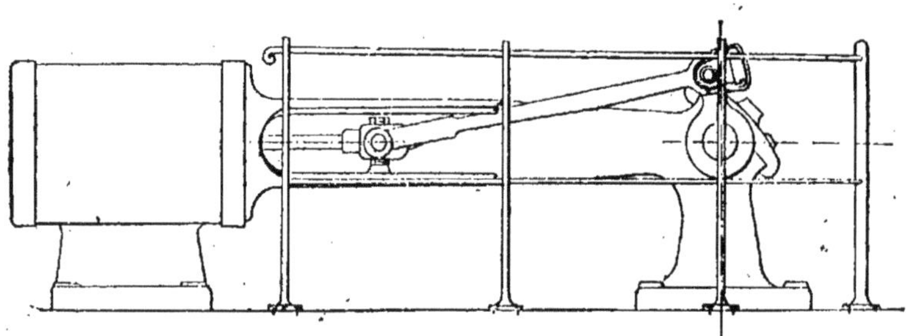

Fig. 685.

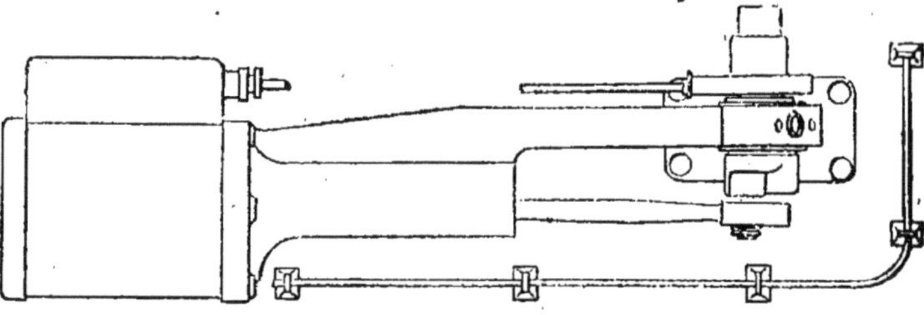

Fig. 686.

suffisamment protégés ; il n'en est pas de même de la tête de bielle et de la manivelle et c'est pourquoi il est utile de disposer, dans cette partie, un garde-corps qui, sans gêner en rien le travail du mécanicien ou des ouvriers graisseurs, suffit pour les retenir en cas de glissade ou de chute ; au point de vue de la propreté, ce garde-corps peut même être utilisé comme support de tôles en fer, zinc ou cuivre empêchant les projections d'huiles sur le plancher; il est entendu qu'ainsi on évitera que celui-ci soit glissant et, par conséquent, dangereux.

Dans les bâtis genre Corliss (fig. 685 et 686) les organes en mouvement sont complètement découverts d'un côté; on les protège par un garde-corps, prolongé jusqu'à l'avant

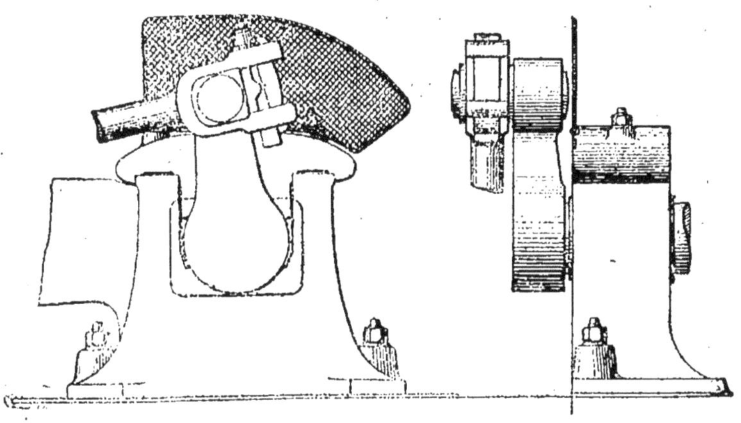

Fig. 687.   Fig. 688.

du cylindre et se retournant d'équerre devant la manivelle; pour dégager l'abord des organes en cas de nécessité, on dispose quelquefois les lisses pour glisser horizontalement dans les douilles fixes des montants; ceux-ci sont simplement, quoique solidement, vissés sur le parquet, de manière à pouvoir s'enlever facilement, en cas de réparations à faire à la machine.

Si la manivelle est très rapprochée de la face du palier, elle forme cisaille avec lui et il y a danger si l'on désire graisser ou resserrer les écrous; on évite cet inconvénient en protégeant de l'accès de la manivelle par un châssis grillagé fixé sur le chapeau (fig. 687 et 688) ; on pousse la précaution, dans quelques usines, jusqu'à enfermer complètement les manivelles dans un coffre cintré en tôle.

Machines à balancier. — Il y a peu à dire de ces machines, employées surtout pour conduire des filatures à cause de la régularité de leur rotation ; on les munit de plates-formes à balustrade en disposant une plinthe à la partie basse, pour limiter tout glissement du pied.

Machines demi-fixes. — De moindre hauteur que les précédentes, on prend pour elles des précautions du même genre en établissant une plate-forme à garde-corps auquel on accède par un escalier ; le volant est garanti par une tôle ou un grillage à mailles serrées.

Il ne faut pas graisser la manivelle en se plaçant sur la plate-forme ; on en est, ordinairement, trop loin et on est alors dans l'obligation de se pencher dans une position incommode et dangereuse, au-dessus de pièces en mouvement ; on y procède en montant sur un escabeau approché sur le devant de la chaudière.

Couper les clavettes saillantes qui fixent les volants en porte à faux ou les enfermer dans une boîte cylindrique ; les volants eux-mêmes seront garantis par un garde-corps.

Locomobiles. — Elles présentent un caractère de fixité moins grand, évidemment, mais les dispositions préventives sont identiques que pour les mi-fixes ; on a grand tort, dans l'agriculture en particulier, de ne prendre aucune précaution, d'autant plus que le personnel qui circule à leurs abords est ignorant du danger ; il est très facile, d'ailleurs, d'établir des garde-corps provisoires devant leurs poulies et courroies.

Volants. — Un des organes les plus dangereux des moteurs ; on doit toujours les garantir eu égard à l'emplacement qu'ils occupent ou à leur importance soit par des balustrades à barreaux écartés de 0 m. 10 au maximum, soit par des panneaux pleins ou à grillage solides, soit par le remplissage des entre-deux des rais.

Lorsque le volant est muni de dents d'engrenages pour actionner directement le pignon récepteur, il rentre dans le cas exposé dans le volume *Engrenages et Transmissions*.

Si la mise en marche du volant, pour franchir le point mort, se fait au moyen d'un levier agissant sur les bras du volant, on ménagera dans le garde-corps le vide nécessaire pour la manœuvre de ce levier.

Le volant lui-même doit être rigoureusement d'équerre avec l'arbre ; au moindre voilement, il faut sans retard vérifier et corriger le calage, s'il y a lieu. En outre, le poids de la jante doit être bien uniforme, c'est-à-dire qu'il faut s'abstenir d'équilibrer, sur le volant, certaines pièces du mécanisme, comme on le fait quelquefois à tort, par des parties pleines formant contrepoids ; le centre de gravité se trouve déplacé et il peut en résulter une rupture sous l'action inégale de la force centrifuge.

Tourner au volant. — On y a recours pour deux cas principaux : éloigner la manivelle du point mort, lors de la mise en train ou remonter des courroies fortes et tendues.

Pendant ces manœuvres, fermer, au préalable, la valve d'entrée de la vapeur et tenir ouvertes les purges du cylindre.

L'habitude de faire tirer sur les rais du volant à bras d'hommes est mauvaise, surtout dans les machines à condenseur, où un peu de vapeur est susceptible soit de rester soit de pénétrer par une fuite de l'admission ; sitôt le point mort passé, elle peut imprimer une impulsion au piston et, de là, au volant qui entraînerait les ouvriers attelés sur celui-ci.

Il est donc nécessaire d'employer une disposition spéciale pour faire tourner le volant ; si rien n'a été prévu à cet égard, on peut se servir d'un levier, pour agir sur les bras, en prenant un point d'appui choisi selon les circonstances locales.

On peut, par exemple, sceller dans un mur voisin un secteur ayant des cavités (fig. 689) ou le remplacer par une échelle à barreaux solides boulonnée sur le parquet (fig. 690) ; d'autres fois on pourra se servir d'un petit treuil sur le tambour duquel s'enroule une corde terminée par un crochet allant agripper les bras du volant ; mais le mieux, au lieu de ces dispositions provisoires, est de prévoir le cas lors de l'installation du moteur ; chaque constructeur a sa routine dans ce but : vireur à galets, denture avec cliquet, treuil-vireur Farcot, vis sans fin se déplaçant dans la direction de son axe pour se dégager du contact de la roue dentée lors du démarrage, etc.

Mise en marche du moteur. —Elle doit satisfaire aux prescriptions légales en vigueur et que nous donnons intégralement :

1º La mise en train et l'arrêt des machines devront toujours être précédés d'un *signal convenu ;*

2º L'appareil des machines motrices sera toujours placé sous la main des conducteurs qui dirigent ces machines ;

3º Les contremaîtres ou chefs d'atelier, les conducteurs de machines-outils, métiers, etc., auront à leur portée le moyen de demander *l'arrêt des moteurs*.

Il est donc nécessaire que ce signal s'entende distinctement de toutes les parties de l'usine commandées par le

moteur ; en outre, il doit être indépendant de celui de la
rentrée des ouvriers, alors même qu'on mettrait le moteur
en marche avant la rentrée des ouvriers ; autant que possible, ces deux signaux présenteront entre eux une différence très caractéristique.

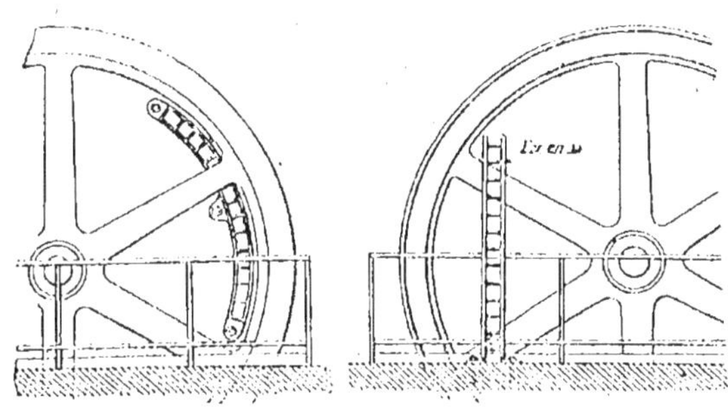

Fig. 689.   Fig 690.

Lorsque le mécanicien peut facilement voir ce qui se
passe et être entendu de partout, il devra crier : « Attention » et ne mettre en marche que progressivement après
un intervalle de 15 à 20 secondes. Dans des installations
plus importantes, le signal avertisseur peut être un sifflet
à vapeur, une cloche, une sonnerie électrique ; s'il y a plusieurs moteurs commandant chacun une partie, le meilleur
mode est la communication par sonneries électriques plus
ou moins sonores, avec retour avertissant le mécanicien du
fonctionnement du signal ou permettant, au surplus, de demander l'arrêt rapide de la machine, en cas d'accident.

Enfin avoir soin de disposer toujours la ou les manivelles
pour démarrer sans raté.

Arrêt du moteur. — Lorsqu'il doit se produire par
suite de la cessation réglementaire du travail, le mécanicien en préviendra les ateliers quelques minutes avant

l'heure par un signal avertisseur afin que chacun débraye
les machines qu'il conduit ; ce n'est qu'à cet instant que

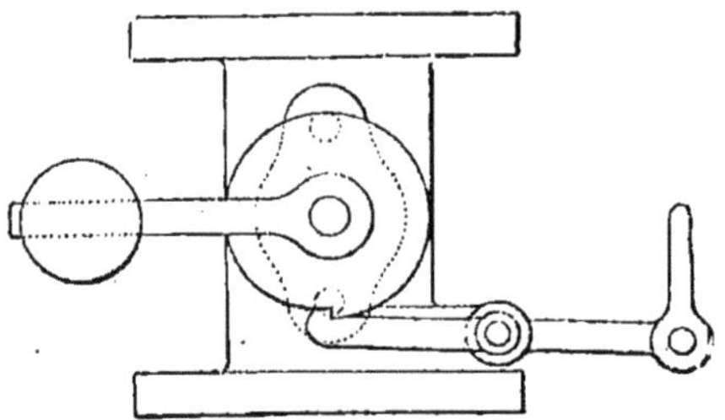

Fig. 691.

doit avoir lieu l'arrêt absolu, après un second signal convenu. Il se fait en ouvrant toutes les purges et en interrom-

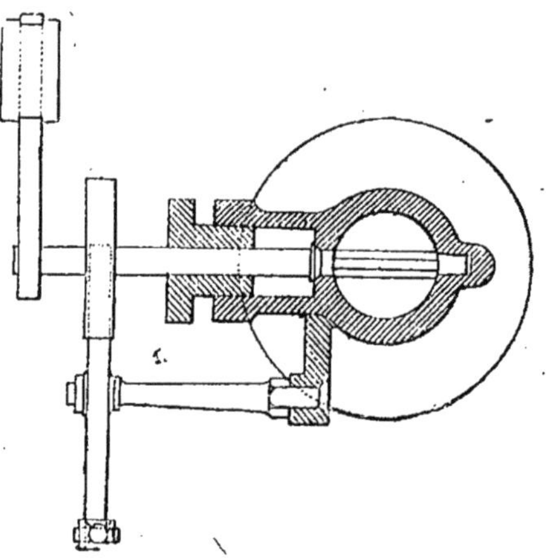

Fig. 692.

pant, s'il y a lieu, l'arrivée d'eau au condenseur ; ce n'est
qu'ensuite qu'il fermera le robinet d'entrée de la vapeur,

en s'arrangeant pour mettre la manivelle arrêtée dans sa
position la plus favorable au départ.

Si l'arrêt était réclamé pour une cause accidentelle, il

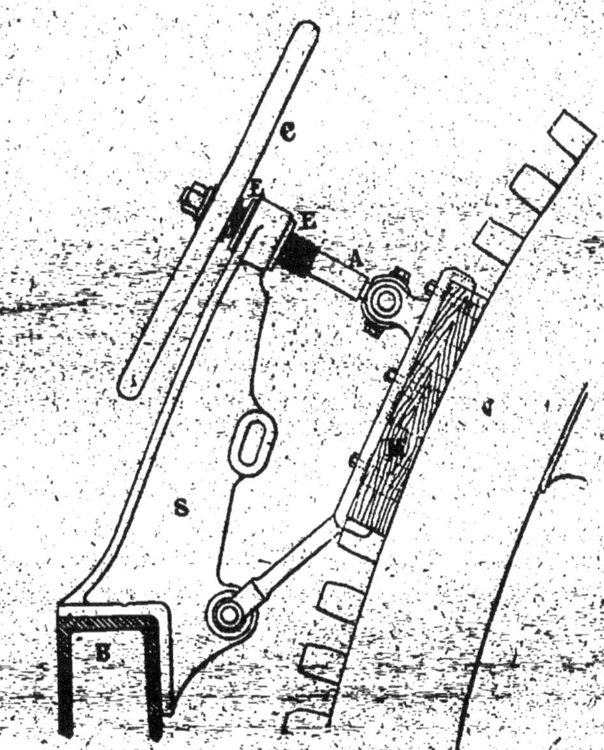

Fig. 693.

faut, sans se préoccuper de cette cause, arrêter la machine
dans le plus bref délai possible ; fermer immédiatement la
valve d'entrée de la vapeur ; répondre par un signal que
l'on a entendu l'avertissement ; ouvrir les purges et interrompre l'arrivée d'eau au condenseur.

VI. — *Machines à vapeur.* 12

Tout cela demande un certain temps et, de toutes manières, la force vive du volant entraîne encore la transmission pendant quelques révolutions ; c'est pourquoi il est bon d'avoir recours aux moyens généraux ou isolés indiqués dans le chapitre susdit.

A part les appareils décrits, l'arrêt rapide, sinon instantané, du moteur, peut s'obtenir : 1° par la fermeture immédiate de la vapeur ; elle consiste à commander à distance l'admission de vapeur soit par cordons, soit par transmissions électriques ; le plus simple (fig. 691 et 692) est de placer, sur la conduite de vapeur, bien à proximité du cylindre, un papillon dont l'axe porte un levier avec contre-poids et une came dans l'encoche de laquelle s'engage un cliquet ; en cas d'accident, des tirages font basculer ce cliquet qui rend libre la came et la laisse obéir à l'effort du contrepoids. Mais cette fermeture est insuffisante à elle seule, pour les motifs exposés, et il faut la combiner avec le deuxième moyen, par lequel on absorbe la force vive du volant en interposant un frein, qui est ou actionné à la main (fig. 693), ce qui est d'une efficacité incomplète, puisqu'il y a toujours perte de temps, ou automatique et manœuvré électriquement de préférence.

Coups d'eau. — Si le cylindre d'une machine à vapeur est exposé à contenir un volume d'eau notable pendant la marche du piston, il en peut résulter la rupture des parois et, en particulier, celle du couvercle, c'est-à-dire une expansion subite de la vapeur à l'extérieur ; non seulement le fonctionnement serait défectueux, même s'il ne provoquait pas cet excès, mais ces accidents sont une perte sensible de combustible et une crainte permanente d'inconvénients graves, nécessitant des réparations et des arrêts forcés.

Le présence de l'eau résulte de trois causes :

1° Entraînements d'eau par vaporisation.

2º Condensations hors propos ;

3º Aspirations au condenseur (quand il existe).

Pour combattre les effets des deux premiers cas, sinon pour les supprimer complètement, on peut disposer la tuyauterie en forme de poche (fig. 694) dont on appliquera le principe selon les circonstances spéciales aux moteurs et à leurs accessoires ; mais le plus prudent est encore de faire usage de purgeurs au-tomatiques dont le choix et l'emplacement seront judi-cieusement pesés.

Enfin il est indispensable que le tuyau d'amenée de la vapeur soit enveloppé d'un corps mauvais conducteur de la chaleur, pour diminuer la condensation dans la mesure du possible.

Quant aux condensations in-térieures dans le cylindre, on

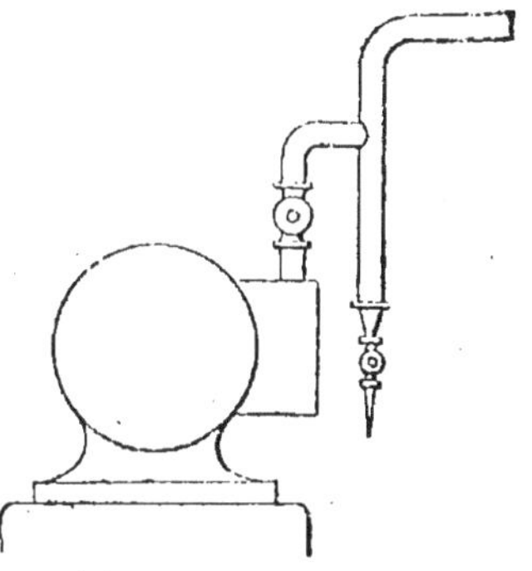

Fig. 694.

les évite par l'emploi des enveloppes de vapeur ou mieux, ainsi que nous l'avons indiqué en son temps, par l'applica-tion de la surchauffe ; si la chaudière ne comporte pas celle-ci, pour mettre la machine en marche, on envoie d'a-bord la vapeur dans l'enveloppe par une canalisation *ad hoc,* où elle réchauffe l'envers de la paroi qui sera bientôt en contact avec la vapeur en pression et réduit considéra-blement ainsi les motifs de condensation.

Pour diminuer encore le refroidissement, on entoure le cylindre d'un corps mauvais conducteur de la chaleur.

Malgré ces précautions, il peut tout de même arriver que le cylindre contienne de l'eau, par entraînement ou par condensation ; aussi dispose-t-on souvent, dans les distri-butions à tiroirs, des soupapes de sûreté maintenues par un ressort réglé de telle sorte que la soupape ne se soulève qu'au moment où la pression atteint une limite plus élevée que la pression normale de la vapeur.

Parfois, telles les machines Corliss, les orifices d'échappement sont placés suivant la génératrice inférieure, formant écoulement naturel du liquide ; de même, dans les tiroirs rotatifs Farcot ou analogues, maintenus par des ressorts dans leurs logements, l'eau s'échapperait en soulevant les tiroirs d'évacuation lors de sa compression qui ferait plier lesdits ressorts.

Dans les machines fonctionnant avec condenseur, le danger des coups d'eau est plus à craindre, car on s'en méfie généralement moins ; il peut arriver, par exemple, que le condenseur se remplisse à la suite de l'oubli, par le mécanicien, d'interrompre l'arrivée d'eau d'injection ; cette eau remplit d'abord le condenseur, puis toute la machine si l'on n'y prend garde.

Le reniflard remédie à cet inconvénient ; nous savons qu'il consiste en une soupape équilibrée par le vide relatif intérieur et qu'en cas où le vide faiblirait, cette soupape se lèverait pour laisser l'air pénétrer au condenseur ; en outre on peut lui adjoindre un flotteur obéissant à la poussée de l'eau montante et qui commande une soupape permettant soit la sortie de l'eau, soit une rentrée d'air, comme le reniflard.

Régulateurs. — Au point de vue de la sécurité, ils empêchent la vitesse de la machine de dépasser une limite dangereuse lorsque le travail résistant de l'usine vient à cesser brusquement pour une cause accidentelle, ils s'opposent à son emballement.

Un emballement du moteur a pour premier résultat de soumettre le volant, établi pour résister à un effort de la force centrifuge correspondant à la vitesse de régime, à des charges proportionnelles au carré de la vitesse ; si donc celle-ci augmente notablement, on voit quelle brusque progression en résulte : la limite de résistance de la fonte est vite dépassée, d'où rupture du volant dont les éclats, lancés avec une force considérable, ravagent tout sur leur passage.

Pour la commande de l'axe du régulateur, il faut donner la préférence aux transmissions rigides.

Les régulateurs seront tenus en parfait état d'entretien

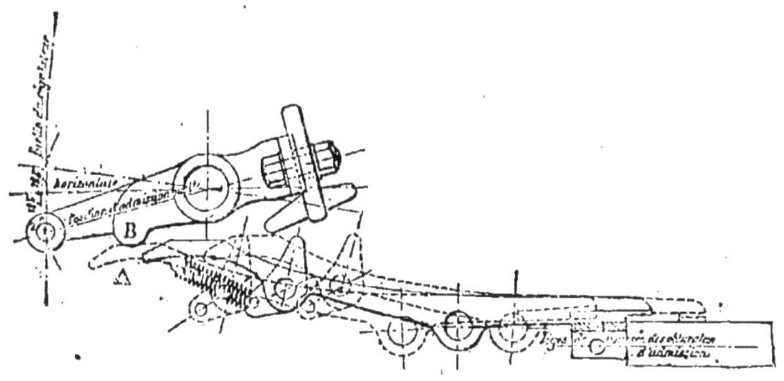

Fig. 695.

et, de loin en loin, on vérifiera leur bon fonctionnement en tirant à la main une des bielles reliant le manchon du régulateur à la valve ou à la détente, de façon à écarter les boules le plus possible ; si la machine ne ralentit pas, c'est que la valve ne ferme pas ou que la détente ne fonctionne pas bien et on doit en rechercher la cause.

Afin d'éviter les graves accidents qui se produiraient si le régulateur cessait d'agir, et dont l'emballement du moteur fait partie, on a cherché à obtenir l'arrêt automatique de la machine dans le cas où le régulateur cesserait son action. Tels sont les dispositifs Garnier (fig. 695) où la brimbale est à talons, déclenchant les doigts de contact des pièces de commande des tiroirs lors de la chute des boules du régulateur.

Accouplement de moteurs. — Deux moteurs sont

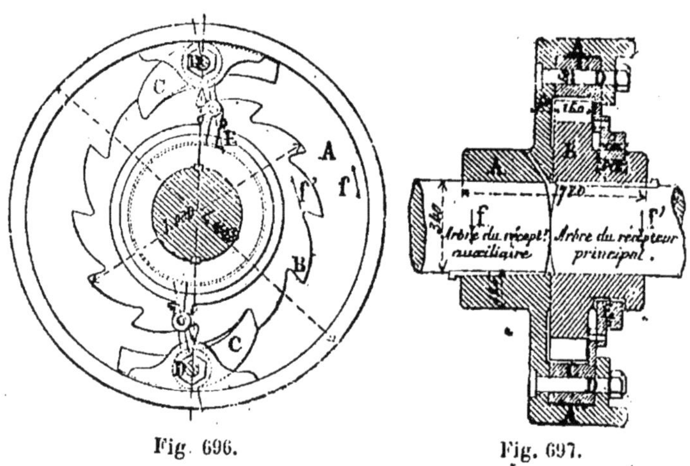

Fig. 696.   Fig. 697.

assez fréquemment attelés à la même transmission : un moteur hydraulique et un moteur à vapeur ou à gaz, par

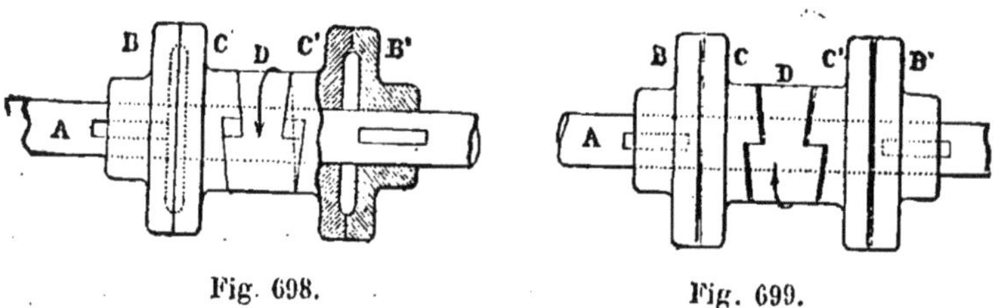

Fig. 698.   Fig. 699.

exemple ; il est nécessaire que cet accouplement réponde à certaines conditions ; sinon l'un pourrait entraîner l'autre et lui causer de graves avaries ou provoquer des accidents de personnes.

Ce cas est surtout possible avec une machine à condensation, lorsque la transmission est absolument rigide, telle qu'une commande par engrenages, mais non pas par courroie ; le piston est entraîné, si l'on ne met pas aussitôt en

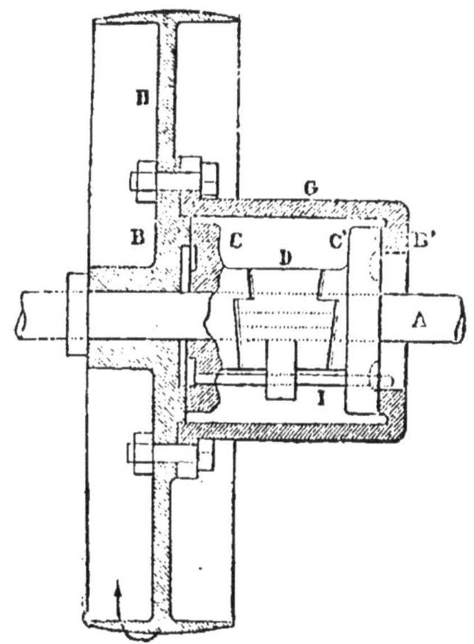

Fig. 700.

train, et aspire l'eau du condenseur ; d'où les coups d'eau.

Cette question de l'accouplement est donc très importante ; plusieurs dispositions peuvent être employées pour supprimer le danger d'entraînement ; un des plus fréquents est la boîte à cliquets de Pouyer-Quertier (fig. 696 et 697) où la transmission principale est coupée ; sur la partie du moteur principal est une roue à rochet ; sur celle du moteur auxiliaire, un plateau à cliquets dont on saisit le fonctionnement sans plus d'explications.

L'embrayage Gustin est à manchon fou, avec surface de friction pressée par des rampes hélicoïdales ; le système Roux est assez semblable à celui-ci et le moteur qui prend du retard se débraye de lui-même et n'oppose aucune résistance à la marche des autres.

Il se compose essentiellement (fig. 698, 699 et 700) de cinq pièces qui sont les suivantes :

Un manchon D tournant fou sur l'arbre qu'il s'agit de mettre en mouvement ; ce manchon présente, sur ses deux faces latérales, deux rampes hélicoïdales symétriques ;

Deux plateaux C et C', tournant fous sur l'arbre A, de chaque côté du manchon D ; les faces intérieures de ces plateaux présentent des rampes hélicoïdales correspondant à celles du manchon D ;

Deux plateaux B, B', calés sur l'arbre A en dehors des plateaux C, C', avec lesquels ils forment des surfaces de friction.

Le manchon central D forme ainsi un coin circulaire qui, lorsqu'il tourne dans le sens de la flèche, écarte les deux plateaux intérieurs C, C' et les applique fortement sur les plateaux extérieurs B, B' ; ce qui a pour effet de rendre les cinq parties solidaires et de transmettre à l'arbre A le mouvement circulaire du manchon D.

FIN

TABLE DES MATIÈRES

DE LA SIXIÈME PARTIE

Machines à vapeur.

ÉMILE COLIN, IMPRIMERIE DE LAGNY (S.-&-M.)

Librairie Bernard Tignol,
53 bis, Quai des Grands-Augustins

Téléphone 823.28

Électricité

INDUSTRIES DIVERSES

Arts et Manufactures — Chimie Industrielle

PREMIÈRE PARTIE

Ces livres sont envoyés franco, joindre à la demande le montant en un mandat-poste

Nous fournissons également tous les ouvrages de Science,
Industrie, Littérature, etc., qui ne figurent pas dans nos Catalogues

La Maison se charge de publier à son compte ou à celui des Auteurs
tous les ouvrages se rattachant à sa spécialité

1904

PARIS

Librairie Bernard TIGNOL

PUBLICATIONS DE LA

LIBRAIRIE de L'ÉCOLE CENTRALE des ARTS et MANUFACTURES

53 bis, Quai des Grands-Augustins, 53 bis

Accumulateurs (Voir ÉLECTRICITÉ, PILES).

Les Accumulateurs électriques. Nouvelle édition, par F. CACHEUX, ingénieur-électricien. — 1 vol. in-16 avec figures dans le texte, 1901. — Prix. . . . . **4 fr.**

TABLE DES CHAPITRES. — Description et mode d'emploi des piles secondaires. — Les accumulateurs anciens et nouveaux. — Montage des éléments et choix du local pour les accumulateurs. — Charge et décharge. — Les accidents : leurs causes et leurs remèdes. — Résumé.

Acétylène.

L'Acétylène et ses Applications, par F. DOMMER, ingénieur des Arts et Manufactures, professeur à l'École de physique et de chimie industrielles de la Ville de Paris; 1 beau vol. in-8°. — Sous presse.

Cet ouvrage, est entièrement consacré à l'*Acétylène*, le nouveau et déjà célèbre concurrent du gaz et de l'électricité. Tout ce que nous savons à ce jour sur l'acétylène, préparation de carbure de calcium, emploi dans l'éclairage, lampes mobiles, régulateurs, application à la carburation du gaz, à la traction, aux produits chimiques, alcool, etc., est décrit minutieusement.

Acide sulfurique.

Fabrication de l'Acide sulfurique. Procédés de contact, par E. PETITGOUT, in-16, 10 figures, 1902. — Prix. . . . . **1 fr. 50**

Aérostation.

Manuel pratique de l'Aéronaute. Étoffe.— Couture.—Filet. — Soupape. — Nacelle. — Lest. — Guide-rope. — Courants. — Observations. — Descente, etc. — Par W. DE FONVIELLE; in-16, figures. — Prix . **5 fr.**

3,000 kilomètres en Ballon, par Maurice FARMAN, 1 volume in-8° illustré de nombreuses figures. — Prix. . . . . **3 fr. 50**

Machines aériennes d'aluminium (Fusairs et Uranes), par CONST. FONTANA, in-16 avec figures. — Prix . . . . **1 fr. 50**

Aérostation. Construction, description et direction des ballons, par MIRET, in-8°, 58 pages, 37 figures. — Prix . . . . **2 fr. 50**

Agriculture.

Petite Encyclopédie d'Agriculture, publiée sous la direction de M. A. Larbalétrier, professeur à l'Ecole d'Agriculture de Grand-Jouan. Chaque ouvrage forme un volume in-16 avec nombreuses figures dans le texte. Les 10 volumes ensemble. Prix : **15** fr.

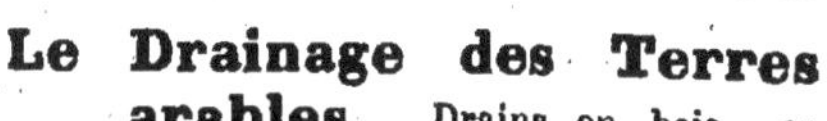
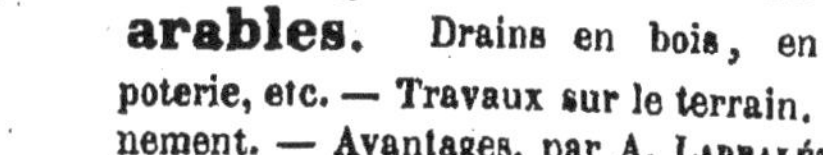

Les Engrais. Engrais chimiques. — Engrais naturels. — Engrais composés. — Formules. — Besoins des Plantes. — Analyse des Engrais par F. Legrand, 19 figures. — Prix . . . . **1 fr. 50**

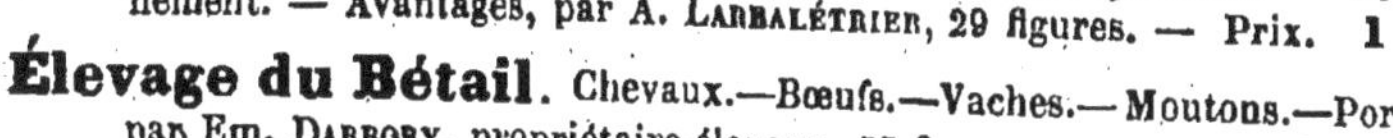

Le Drainage des Terres arables. Drains en bois, en poterie, etc. — Travaux sur le terrain. — Drainages spéciaux. — Fonctionnement. — Avantages, par A. Larbalétrier, 29 figures. — Prix. **1 fr. 50**

Élevage du Bétail. Chevaux. — Bœufs. — Vaches. — Moutons. — Porcs, etc. par Em. Darbory, propriétaire-éleveur, 55 figures . . . . **1 fr. 50**

Nos Légumes et nos Fleurs. Caractères. — Variétés. — Culture. — Maladies, etc., par E. Faveri et A. Larbalétrier, 56 figures. **1 fr. 50**

Laiterie, Beurre et Fabrication des Fromages. Lait. — Analyse. — Conservation. — Écrémage. — Barattage. — Conservation. — Fromages mous, frais, affinés, cuits, etc., par E. Rigaux professeur à l'École d'Agriculture de Mende, 320 pages, 73 figures . . . . **3 fr.**

Machines agricoles et Constructions rurales. Charrues. — Herses. — Semoirs. — Faucheuses. — Moissonneuses. — Lieuses. — Batteuses, etc. — Constructions : Écuries. — Bouveries. — Étables, in-16, nombreuses figures, par G. Ménul, 112 figures. — Prix. . . . . **1 fr. 50**

Céréales et Fourrages. Culture pratique. — Froment. — Seigle. — Orge. — Avoine. — Sarrasin. — Trèfle. — Betterave, etc., par A. Larbalétrier, 51 figures . . . . **1 fr. 50**

Arbres fruitiers et la Vigne. Fumure. — Conduite. — Multiplication. — Variétés : Abricotier. — Amandier. — Cerisier, etc. — La Vigne. — Cépage, Culture, Accidents, Maladies, par P. d'Aygalliers, 46 figures . . . . **3 fr.**

Cidre, Poiré et Boissons économiques. Culture du pommier et du poirier. — Fabrication du cidre et du poiré. — Maladie du cidre, remèdes. — Eaux-de-vie. — Vinaigre. — Conservation des fruits. — Vins de Dattes, Figues, Poires, Pommes tapées. — Vins de fruits frais. Cerises, Prunes, Framboises, Groseilles, etc., 24 fig., par E. Rigaux. **1 fr. 50**

Volailles, Lapins et Abeilles. Poules. Élevage, Incubation, Engraissement, Pintades, Dindons, Oies, Canards, Pigeons. — Lapins. Élevage, Alimentation. — Abeilles. Colonies, Nourriture, Rucher, Essaimage, Ruche, Récolte du miel, par E. PARADIS et A. MONTOUX, 52 fig. — Prix. **1 fr. 50**

Conserves alimentaires. Fruits, Légumes, Poissons et Viandes, par DE NOTER; 1 beau volume in-16, 67 figures. — Prix . . . . **3 fr.**

Fabrication de l'alcool; Distilleries agricoles, par E. ROBINET et G. CANU; 1 vol. in-16, 55 figures, cartonné. — Prix **3 fr.**

La Vaccination charbonneuse, d'après PASTEUR, par CH. CHAMBERLAND; in-8°, 10 figures, cartonnage toile. — Prix . . . . **5 fr.**

Aluminium.

L'Aluminium. Nouveaux procédés de fabrication. — Alliages. — Emplois récents de l'aluminium. — Par Ad. MINET, ingénieur-électricien; 2 volumes in-16, figures dans le texte. — Prix . . . . **9 fr.**
On vend séparément :
1re PARTIE : Fabrication. — Prix . . . . **4 fr. 50**
2e PARTIE : Alliages, Emplois. — Prix . . . . **4 fr. 50**

Amalgames.

Les Amalgames et leurs applications, par Léon de MORTILLET, ingénieur des Arts et Manufactures; in-8°. 1904. — Prix . . . **2 fr**

Ammoniaque

L'Ammoniaque, ses nouveaux Procédés de Fabrication et ses Applications. L'Ammoniaque. — Ses sels ammoniacaux. — Propriétés physiques. — Fabrication. — Travail des Eaux ammoniacales. — Analyse de l'Ammoniaque. — Des Sels ammoniacaux. — Des Matières premières. — Dosage dans les Eaux. — Applications. — Production et Consommation. — Brevets. — Par P. TRUCHOT, ingénieur-chimiste; in-16, figures. — Prix . . . . **6 fr.**

Architecture et Constructions.

Aide-Mémoire de poche de l'Architecte et de l'Ingénieur-Constructeur, pour le calcul des Constructions. — Formules usuelles. — Fondations. — Poutres. — Planchers en fer et en bois. — Calcul des Fermes. — Maçonnerie. — Hydraulique. — Électricité. — Chauffage. — Escaliers, etc. — Tables. — Par Ch. Sée, ingénieur-architecte: 1 volume in-16, avec figures, cartonné, toile anglaise. — Prix. . . . . **4 fr. 50**

Tables à l'usage des Constructeurs, donnant, par la connaissance de la corde et de la flèche, le rayon, l'angle au centre, etc. — Par L. Sergent, in-12 (1882). — Prix. . . . . **1 fr. 50**

Les Cheminées d'usines. Constructions. — Réparations, par Victor Lefèvre, ingénieur civil ; 1 volume in-16 de 48 pages, avec 13 figures dans le texte. — Prix. . . . . **1 fr. 50**

La Tour Eiffel de 300 mètres de l'Exposition Universelle. — Historique et Description ; par Max de Nansouty, ingénieur 1 volume in 16 de 140 pages; nombreuses figures. — Prix. . . **2 fr. 50**

Arpentage.

Manuel pratique d'Arpentage et de levé des Plans, par G. Dallet, du Service géographique de l'Armée, 1 volume in-16, 73 figures dans le texte. — Prix. . . . . **4 fr.**

Automobiles (Voir Chauffeurs).

Manuel pratique du Constructeur d'Automobiles à pétrole, par Maurice Farman. — Un beau volume in-16, avec 65 figures dans le texte et un atlas de 20 planches in-4°. — Prix. . . **9 fr.**

La fin de l'Exposition universelle a marqué l'entrée de l'automobilisme dans une seconde période qui permet enfin la publication d'un ouvrage mis au courant des derniers progrès accomplis et donnant, pour les plus importantes marques, les détails de construction de la voiture automobile et le montage du moteur.

Le livre de M. Maurice Farman sera aussi utile aux constructeurs et aux propriétaires qu'aux nombreux mécaniciens qui sont chargés journellement d'exécuter les réparations urgentes.

Manuel du Conducteur-Chauffeur d'Automobiles, par Maurice Farman. — Achat d'une Automobile. — Moteurs — Carburation. — Allumage. — Transmissions. — Freins. — Essieux. — Roues. — Différents types : Panhard, Renault, Mercédès, Mors, de Dietrich. etc. — Excursions. — Réglementation. — In-8°, 75 figures, 3me édition. 1904. — Prix. **4 fr. 50**

Bière.

Manuel pratique de la Fabrication de la Bière,
par P. BOULIN, chimiste-industriel; un gros volume in-16, avec figures dans le texte et une planche (plan d'une grande brasserie). — Préparation du malt. — Brassage. — Le moût. — Houblonnage. — Fermentation. — Levure. — Mise en levain, etc. — Les fûts. — Caves. — Clarification. — Diverses méthodes de brassage. — Analyse. — Falsification, etc. — Prix. **9** fr.

Tables du degré de fermentation et du rendement en extrait donnés immédiatement sans calcul,
par Jean STAUFFER, professeur à l'École de brasserie de Munich. 1 grand volume in-8° de 964 pages. Cartonné toile. — Prix. . . . **10** fr.

Bois et Arbres.

Conservation des Bois.
Séchage rapide, imputrescibilité et ininflammabilité des bois, par P. DUMESNY, in-16 avec figures, 1902. — Prix. **1** fr. **50**

Arbres fruitiers et la Vigne.
Fumure. — Conduite. — Multiplication. — Variétés : Abricotier. — Amandier. — Cerisier, etc. — La Vigne. — Cépage, Culture, Accidents, Maladies, par P. D'AYGALLIERS, 48 figures. — Prix . . . . **3** fr.

Traité de Sylviculture générale.
Culture, Aménagement et Gestion des Forêts, par Alexis FROCHOT, sous-inspecteur des Forêts. — 1 volume in-8°, 264 pages, 41 figures. — Prix . . . . **10** fr.

Bougies (Voir SAVONS).

Théorie et pratique de la Fabrication des Bougies, des Chandelles et Savons de Toilette,
par Léon DROUX et V. LARUE, ingénieurs-chimistes ; in-8° de 592 pages, 108 figures dans le texte et un atlas de 19 planches in-4°, cartonnage toile anglaise.
Cet ouvrage doit être considéré comme un *vade-mecum* indispensable pour tous ceux dont l'industrie a pour base les matières grasses : fabricants d'acides gras, huiliers, stéariniers, chandeliers, savonniers et parfumeurs, etc. Sous une forme condensée, on y trouve, avec les renseignements les plus complets, les études théoriques et pratiques sur les matières premières, l'outillage, la fabrication, les progrès réalisés dans chacune de ces industries. — Prix . . . . **20** fr.

Boulangerie.

Manuel du Boulanger et du Pâtissier-Boulanger.
Boulangerie et Pâtisserie-Boulangère françaises et étrangères, par E. FAVRAIS, boulanger-pâtissier à Paris, fondateur de l'école professionnelle de la boulangerie ; 1 beau volume in-8° avec 124 figures dans le texte, 2 planches en noir et 17 planches en couleur. — Prix . . . . **12** fr.

Briques et Tuiles.

Guide du Briquetier : Briques, Tuiles, Carreaux,
par Émile LEJEUNE, ingénieur-industriel, 4me édition. — Sous presse.

Chaleur.

La Chaleur. Leçons élémentaires sur la thermométrie, la calorimétrie, la thermodynamique et la dissipation de l'énergie, par J. Clerk Maxwell F. R. S., édition française d'après la 8me édition anglaise, par G. Mouret, ingénieur des ponts et chaussées, avec préface de M. A. Potier, membre de l'Institut, in-16, figures dans le texte. — Prix. . . . . **6 fr.**

Chauffeurs (Voir Automobiles, Mécanique et Machines).

Catéchisme des Chauffeurs et des Machinistes, traitant de la législation, de la combustion, de l'entretien, de la conduite des machines, mise en marche, description des organes, arrêt, machines spéciales, chaudières, foyers, appareils de sûreté, etc., 6me édition, revue et augmentée d'un appendice, in-16, figures dans le texte.
Prix . . . . **1 fr. 50**

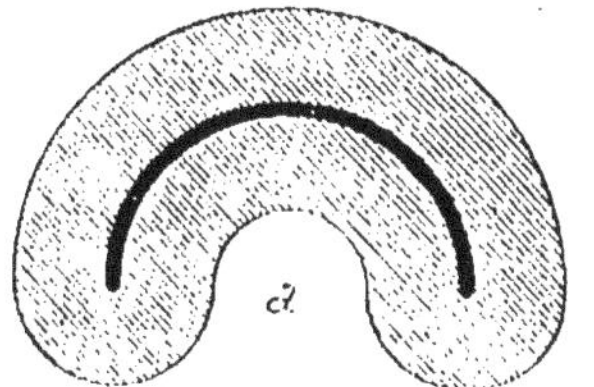

Chaux et Ciments (Voir Briques et Tuiles).

Guide du Chaufournier et du Plâtrier, du fabricant de ciments, bétons et mortiers hydrauliques, par Émile Lejeune, ingénieur; 3me édition, 1 beau volume in-16, 59 figures dans le texte. — Prix . . . . . . **5 f.**

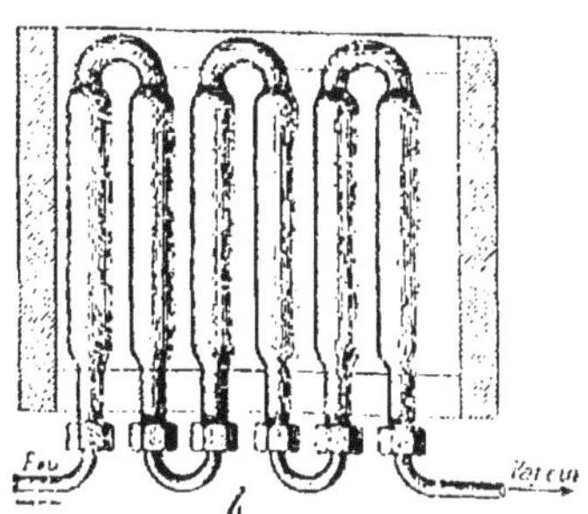

Coupe d'un tube de générateur Serpollet.
Raccord des tubes dans le générateur.

Chemins de fer.

Calcul des Voies. Partie théorique et Formules, par J. Marmet, chef de section P.-L.-M., in-8°, 1876, — Prix réduit . . . . **2 fr. 50**

Chimie (Voir page 28).

Dictionnaire de Chimie industrielle, contenant toutes les applications de la Chimie à l'Industrie, à la Pharmacie, à la Métallurgie, à l'Agriculture, à la Pyrotechnie et aux Arts et Métiers, avec la traduction russe, anglaise, allemande, espagnole et italienne des principaux termes techniques, par M. A.-M. Villon, ingénieur-chimiste, professeur de technologie chimique, ancien rédacteur en chef de *la Revue de Chimie industrielle,* et par M. P. Guichard, Président de la Société de Pharmacie Membre de la Société chimique de Paris, ancien professeur de Chimie et de Teinture à la Société industrielle d'Amiens; 3 beaux volumes in-4°, 2,300 pages, 1,200 figures. — Prix. . . . . **75 fr.**

On vend séparément :
Le tome 1er, **30 fr.** — Le tome II, **25 fr.** — Le tome III, **25 fr.**

Principes de Chimie, par DIMITRI MENDÉLÉEFF, professeur à l'Université de Saint-Pétersbourg (édition française), par MM. ACHKINASI et CARRION, avec préface par M. le professeur Armand GAUTIER, 2 vol. in-16 cartonnés.

TOME I. — L'étude de la chimie. — L'eau et ses combinaisons. — Composition de l'eau et hydrogène. — L'oxygène. — Ozone et peroxyde d'hydrogène. — Loi de Dalton. — Azote et air atmosphérique. — Composés hydrogénés de l'azote. — Molécules et atomes. — 1 vol. in-16, nombreuses figures, 585 pages. — Prix. . . . . **7 fr. 50**

TOME II. — Carbone et hydrocarbures. — Chlorure de sodium. — Les Halogènes : chlore, brome, iode, fluor. — Potassium, rubidium, cesium, lithium. — Capacité calorique des métaux. — Similitude des éléments et Loi périodique. 1 vol. in-16, figures dans le texte, 499 pages. — Prix. **7 fr. 50**

Chocolat.

Manuel pratique du Chocolatier. Le Cacaoyer et sa culture. — Examen et choix du cacao. — Aromates. — Fabrication du chocolat. — Mélange. — Broyage et finissage. — Installation d'une chocolaterie moderne. — Différentes sortes de chocolat. — Moulage et empaquetage. — Falsification. — Par L. DE BELFORT DE LA ROQUE; in-16, nombreuses fig. — Prix. **4 fr. 50**

Cidre.

Cidre, Poiré et Boissons économiques. Culture du pommier et du poirier, — Fabrication du Cidre et du Poiré. — Maladie du Cidre, Remèdes. — Eaux-de vie — Vinaigre. — Conservation des fruits. — Vins de Dattes, Figues, Poires, Pommes tapées. — Vins de fruits frais : Cerises, Prunes, Framboises, Groseilles, etc., 24 fig., par E. RIGAUX. **1 fr. 50**

Combustibles (Voir GAZ).

Étude sur les Combustibles en général et sur leur emploi au chauffage par les gaz, par M. LENCAUCHEZ, ingénieur civil; 1 vol. grand in-8°, 344 pages, 55 fig. dans le texte et un atlas de 31 pl. in-folio. — Prix. **16 fr.**

Comptabilité.

Traité général théorique et pratique de Comptabilité commerciale, Industrielle et administrative, par G. OPPELT. — Ouvrage adopté pour l'Enseignement. 1 volume in-8° (1876), 367 pages. — Prix réduit. . . . . **4 fr.**

Conserves.

Manuel des Conserves alimentaires. Fruits, Légumes, Poissons, Gibier et Animaux de boucherie, in-16, nombreuses figures, 1902, par R. DE NOTER. — Prix . . . . . **3 fr.**

Corderie.

Fabrication des Cordes, Câbles, Ficelles et Filins. Fabrication à la main et fabrication mécanique. — Matières textiles. — Variétés. — Goudronnage. — Cordes en chanvre. — Chanvre de Manille. — Essai des cordages. — Chanvre de corderie. — Défibrage des vieux câbles. — Cordes de fantaisie, etc. — Par Alfred RENOUARD, manufacturier à Lille; in-8°, 44 figures. — Prix . . . . **10 fr.**

Spécimen des figures : Autoclave.
Appareil domestique pour la cuisson des conserves
pour restaurants, hôtels, châteaux, etc.

Corps gras.

Les Corps gras. Huiles végétales, non-siccatives, siccatives. — Huiles animales. — Graisses végétales. — Graisses animales. — Suifs. — Cires. — Matières grasses minérales. — Lubrifiants, etc. — Par A.-M. VILLON, ingénieur-chimiste, in-16, figures dans le texte. (2me tirage). — Prix. . **6 fr.**

Le Frottement, le Graissage des Machines et les Lubrifiants, par R. H. THURSTON, professeur à l'Université de New-York, 2me édition française; 1 vol. in-16, avec figures dans le texte. — Prix. . . . . **4 fr.**

Couleurs (Voir TEINTURE).

Manuel pratique de la Fabrication des Couleurs. Matières premières employées dans la préparation des couleurs, essences et vernis, par MM. R. LEMOINE et Ch. DU MANOIR; 1 beau volume in-8°, 360 pages. — Prix. . . . . **6 fr.**

L'ouvrage que nous présentons au public est le plus complet qui ait été fait jusqu'à ce jour; les documents et les matériaux dont nous nous sommes entourés ont été puisés aux sources les plus sûres, nos expériences personnelles nous ont permis d'écarter de la pratique tout ce qui n'offrait pas une garantie suffisante.

Nous avons évité l'emploi des termes scientifiques, ayant moins en vue de faire une œuvre de savant que d'être utile à ceux qui emploient journellement les couleurs.

Nous espérons avoir rendu service à tous ceux qui s'occupent de la couleur, à quelque titre que ce soit, et qu'ils nous sauront gré de la publication de ce travail.

Notions générales sur les Matières colorantes organiques artificielles, par Jules MAMY : 1 volume in-16, 72 pages. . . . . **1 fr. 50**

Distillation. — Alcools. — Liqueurs.

Guide pratique du Distillateur. Fabrication des Liqueurs. Distillation. — Rectification. — Filtrage. — Tranchage. — Générateurs. — Matières sucrées. — Conserves. — Sirops. — Punchs. — Miels et Hydromels. — Fruits à l'eau-de-vie. — Boissons gazeuses. — Liqueurs de ménage. — Par Édouard ROBINET (d'Épernay) : 1 fort volume in-16, 424 pages. — Prix. . . . . **5 fr.**

Un Guide du Liquoriste comprenant non seulement la fabrication industrielle des liqueurs, mais encore toutes les recettes connues utilisables par un ménage, manquait dans la série des ouvrages publiés jusqu'à ce jour, c'est cette lacune que nous avons comblée.

Manuel pratique de la Fabrication des Alcools. Alcools de vin, de cidre, de poiré, de betteraves. de mélasses, etc., par E. ROBINET et CANU ; in-16, 32 figures dans le texte. — Prix. . . **3 fr.**

Distillation. Traité ou Manuel complet théorique et pratique de la distillation de toutes les matières alcoolisables : grains, pommes de terre, vins, betteraves, mélasses, etc., contenant la description de tous les principaux appareils connus et en usage dans la pratique, par Charles STAMMER ; 1 vol. grand in-8°, 452 pages, accompagné de 88 fig. dans le texte et de nombreux tableaux. Cartonné toile anglaise (1880). — Prix. . . . . **20 fr.**

Dynamos.

Les Machines dynamo-électriques. De leur origine jusqu'aux derniers types industriels, par P. CLÉMENCEAU, ingénieur des Arts et Manufactures. — 1 vol. in-16 avec 116 fig. dans le texte. — Prix. . **5 fr.**

TABLE DES MATIÈRES. — Théorie de l'induction. — De la machine dynamo-électrique. — Historique et machines diverses. — Anneau Gramme et modifications. — Machines dynamo-électriques à courants alternatifs. — Machines magnéto-électriques à courants alternatifs. — Machines à courant continu et induit en forme d'anneau. — Machines dynamo-électriques à induit en forme de bobine ou tambour cylindrique. — Machines dynamo-électriques à courants alternatifs. — Machine magnéto-électrique. — Machine à induit en forme de disque. — Notions pratiques relatives aux machines dynamos.

Eaux.

Manuel pratique d'Analyse micrographique des Eaux,

par P. Fabre-Domergue, directeur du Laboratoire de Zoologie maritime; in-16, 10 fig. — Prix. . . . . **1 fr. 50**

École Centrale des Arts et Manufactures.

(Portefeuille des Travaux de Vacances, voir deuxième partie du Catalogue.)

Électricien. — Manuels d'Électricité. — Lumière Électrique.

Manuel pratique du Monteur-Electricien.

Le Mécanicien-chauffeur-électricien. — Montage et conduite des installations électriques, etc., par J. Laffargue, ingénieur-électricien, attaché au service municipal de contrôle des Sociétés d'électricité de la Ville de Paris. — Petit in-8°, reliure anglaise, 1012 pages, 700 figures et 5 planches en couleurs. — Septième édition 1904. — Prix. . . . . **10 fr.**

Cet ouvrage rendra d'éminents services, d'abord aux monteurs et aux chauffeurs, mais aussi aux ingénieurs et aux chefs d'industrie. Aucun ouvrage analogue ne peut lui être comparé. Il y a abondance de livres sur l'électricité, mais, aucun que nous sachions, ne groupe dans un exposé aussi méthodique, aussi clair, autant de renseignements pratiques. C'est là l'originalité de l'ouvrage. L'auteur, comme on dit, met la main à la pâte, et il ne craint pas d'insister sur les menus détails. Avec lui, on ne se contente pas de la théorie, on fait du métier. Sous sa direction, on devient vite expert dans l'art de manier les machines, les distributeurs électriques et leurs accessoires. Au fond il s'agit d'un cours d'électricité industrielle fait par un ingénieur très compétent. M. Laffargue a

professé ce cours depuis des années à la fédération professionnelle des chauffeurs de France et d'Algérie; plus que personne, il a compris comment il fallait s'y prendre pour familiariser ses auditeurs avec les petites difficultés d'ordre pratique qui gênent les débutants, aussi a-t-il réussi à écrire un livre que nous ne craignons pas de qualifier de « modèle du genre ».

Ce Manuel est d'ailleurs complet sous sa dernière forme. Production de l'énergie, dynamos à courants continus alternatifs, polyphasés, accumulateurs, transformateurs, appareils de mesure, canalisations, installations publiques et privées, etc. N'insistons pas davantage. Ce qu'il importe que l'on sache, c'est qu'il existe maintenant un manuel, un vrai guide pratique du monteur, un *vade-mecum* de l'électricien. Ce livre rendra de véritables services à l'industrie.

Les Lampes électriques. Régulateurs. — Incandescence, par
P. D'URBANITZKI. — Deuxième édition française, revue et augmentée, par Georges FOURNIER, ingénieur-électricien. — Un beau volume in-16 de 250 pages avec 126 figures dans le texte. — Prix. . . . . . . **4 fr 50**

Manuel pratique de l'installation de la Lumière
électrique, par J.-P. ANNEY, ingénieur-électricien.

1re partie. — Installations privées. — Troisième édition. — 1 beau volume in-16 de 344 pages, avec 135 figures dans le texte. — Prix. . . . . . **5 fr.**

2me partie. — Stations centrales. — 1 beau volume in-16, avec 99 figures dans le texte et 10 planches dont 8 en couleurs. — Prix . . . . **7 fr.**

EXTRAIT DE LA TABLE DES CHAPITRES. — 1er volume. — *Installations privées*, avec 135 figures dans le texte. — Règles générales d'installation. — Moteurs. — Machines électriques. — Installation des machines et leur entretien. — Accumulateurs. — Lampes à arcs. — Bougies. — Lampes à incandescence. — Appareils de mesure. — Appareils de sécurité et de contrôle. — Interrupteurs et commutateurs. — Régulateurs de courant. — Tableaux de distribution. — Conducteurs. — Installations et canalisations. — Installations particulières.

2me volume. — *Stations centrales*, avec 99 figures dans le texte et 10 planches. — Distributions de courant. — Distributions à haute tension. — Distributions par transformateurs à courants continus. — Distributions par transformateurs à courants alternatifs. — Compteurs. — Etablissement des usines. — Etablissement du réseau. — Installations intérieures chez les abonnés.

L'Électricité dans la Maison moderne, par Ernest
COUSTET, ingénieur-électricien. — Production du courant. — Éclairage. — Chauffage. — Moteurs domestiques. — Assainissement. — Sonneries. — Horloges. — Téléphone. — Paratonnerres. — 1 fort volume in-16, avec 185 figures (1900). — Prix cartonné. . . . . **4 fr. 50**

Câbles d'Éclairage électrique et Distribution de
l'Électricité, par STUART A. RUSSEL. — Traduit avec l'autorisation
de l'auteur par G. FORMENTIN. — 1 fort volume in-16, avec 107 figures dans le texte. — Prix, reliure toile anglaise. . . . . **6 fr.**

Aide-Mémoire de l'Ingénieur-Électricien. Recueil de
tables, formules et renseignements pratiques à l'usage des électriciens, par G. DUCHÉ, B. MARINOVITCH, E. MEYLAN et G. SZARVADY. — Sixième tirage, augmenté par P. JUPPONT, ingénieur des Arts et Manufactures. — 1 beau volume in-16, nombreuses figures intercalées dans le texte, cartonnage anglais. Prix . . . . **6 fr.**

Catéchisme d'Electricité pratique.

Premières leçons à la portée de tous. — Électricité statique. — Magnétisme. — Unités et Mesures. — Piles. — Accumulateurs. — Machines dynamo et magnéto-électriques. — Lampes et Éclairage. — Téléphonie. — Sonneries. — Par Ernest Saint-Edme, ancien professeur de physique à l'École Turgot. — 1 volume in-16 avec 73 fig., cartonné, deuxième édition. — Prix. . . . . **2 fr. 50.**

Table des Chapitres. — Chapitre I. Généralités sur l'électricité statique. — Chapitre II. Magnétisme. — Chapitre III. Unités et Appareils de mesure. — Chapitre IV. Les Piles électriques. — Chapitre V. Accumulateurs. — Chapitre VI. Les Machines magnéto et dynamo-électriques. — Chapitre VII. L'Éclairage et les Lampes électriques. — Chapitre VIII. Tableaux de distribution; conducteurs; installations de lignes. — Chapitre IX. Téléphonie. — Chapitre X. Sonneries électriques.

L'Électricité industrielle à la portée de tous,

par Cl. Créchet, Ingénieur, Professeur du cours d'électricité de la Ville du Havre. — 1 beau volume in-8°, 325 pages, 224 figures. — Prix, **2 fr. 50**

Les Compteurs d'Électricité, par Ernest Coustet. 1 beau

volume in-16 avec 56 figures dans le texte. — Prix. . . . . . . **2 fr. 50**

Dégagé de principes abstraits et de calculs compliqués, cet ouvrage a été rédigé de façon à être accessible à tous. Il pourra être mis utilement entre les mains du monteur chargé de placer les compteurs, de les régler, de les vérifier et de les nettoyer. L'employé qui recueille chaque mois les indications des totalisateurs, en vue du calcul de la dépense, le consultera avec fruit. Enfin, l'abonné lui-même pourra y trouver des notions intéressantes, lui permettant de se rendre compte de la marche du compteur installé chez lui, de reconnaître si les factures qui lui sont présentées correspondent bien aux indications des cadrans et de vérifier si ces dernières sont exactement en rapport avec sa consommation effective.

Électrolyse (Voir Galvanoplastie.)

L'Electrolyse et l'Électro-Métallurgie, par Edouard

Japing, ingénieur-électricien. — Troisième édition française, augmentée d'un appendice sur l'électro-métallurgie à l'exposition de 1900, par L. Guillet, ingénieur-chimiste, 1 volume in-16 illustré de nombreuses figures dans le texte. — Prix . . . . **4 fr.**

Encres et Cirages.

Fabrication des Encres et Cirages. *Encres à écrire, à copier, métalliques, à dessiner, lithographiques. — Cirages, vernis et dégras.* — Encres à écrire. — Matières premières. — Constitution chimique. — Fabrication des encres à l'acide tannique. — Encres à l'acide gallique. — Encres au campêche. — Encres au sesquioxyde de fer. — Encres à l'alizarine. — Encres de matières extractives. — Encres à copier. — Encres hectographiques. — Encres de sûreté. — Extraits d'encres et encres en poudre. — Conservation de l'encre. — Encres de couleur. — Encres métalliques. — Encres solides. — Encres et crayons lithographiques. — Crayons autographiques. — Crayons d'encre. — Crayons de couleur. — Encres à marquer. — Encres spéciales. — Encres sympathiques. — Encres pour timbres et tampons. — Bleu d'azurage du linge. — Fabrication du cirage pour chaussures, des vernis, et de la graisse pour le cuir. — Fabrication du noir d'os. — Fabrication du dégras. — Édition française, par DESMAREST, d'après LEHNER et BRUNNER. — 1 volume in-16 de 345 pages. — Prix. . . . **5 fr.**

Fécule.

Fabrication de la Fécule et de l'Amidon, par J. FRITSCH, chimiste; in-16 avec 112 figures. — Prix. . . . . **6 fr.**

Filets de pêche.

Fabrication et Emploi des Filets de Pêche, par le commandant VANNETELLE; 1 vol. in-16, 64 figures. — Prix. . . . . . **3 fr.**

Galvanoplastie (Voir ELECTROLYSE).

Manuel de Galvanoplastie. Dorure, argenture, cuivrage, nickelage, étamage, par Georges BRUNEL; 1 volume in-16, avec 28 fig. dans le texte. — Prix . . . **4 fr.**

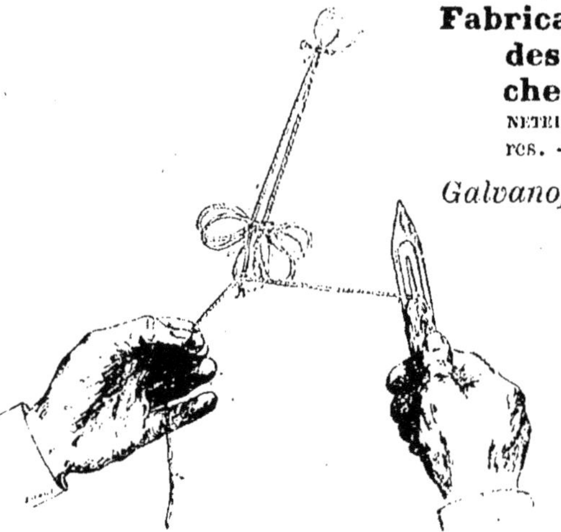

Fabrication des filets de pêche.

Galvanoplastie. — Décomposition électrolytique. — Appareils. — Sources d'électricité. — Piles. — Machines dynamos. — Accumulateurs. — Préparation des surfaces. — Moulage. — Métallisation. — Mise au bain. — Galvanotypie.

Électrochimie. — Préparation des surfaces. — Décapages. — Dorure à froid, à chaud. — Dédorage. — Extraction de l'or des vieux bains. — Argenture. — Conduite de l'opération. — Résumé des opérations. — Désargenture. — Extraction de l'argent des vieux bains. — Argenture des miroirs et des glaces. — Cuivrage. — Laitonisage. — Nickelage. — Préparation des pièces. — Conduite de l'opération. — Dénickelage. — Divers métaux. — Zingage. — Ferrage et aciérage. — Platinage. — Aluminiage. — Plombage. — Étamage. — Antimoniage. — Cobaltisage.

Dépôts métalliques par simple immersion. — *Finissage des pièces.* — *Procédés, Recettes et tours de main.* — Dorure au trempé. — Dorure de l'aluminium. — Argenture au trempé. — Cuivrage au trempé. — Étamage au trempé. — Antimoniage au trempé. — Ors de couleur. — Argent et vieil argent. — Epargnes. — L'anthropoplastie galvanique. — Formules et procédés utiles. — Recettes diverses.

La Galvanoplastie. Histoire et procédés. — Dorure. — Argenture. — Nickelage. — Photogravure sur zinc et cuivre à la portée des amateurs par Paul Laurencin. — 1 volume in-16, 5ᵐᵉ édition, cartonné. — Prix. **3 fr.**

Gaz (Voir Combustibles).

Études sur divers **Gaz combustibles**, par A. Lencauchez, ingénieur civil.

Production des gaz, des gazogènes et des hauts-fourneaux, épuration et emploi par les moteurs à gaz; 116 pages, 4 planches, 10 figures, 1902. — Prix. . . . . **3 fr.**

Géodésie.

Manuel pratique de Géodésie, par G. Dallet, du Service géographique de l'Armée; in-16, figures dans le texte. — Prix. . . **4 fr.**

Goudrons.

Étude sur les Goudrons et leurs nombreux Dérivés,
par Knab, ingénieur-chimiste, grand in-8° de 102 pages avec 8 fig. (1884).— Prix. . . . . **3 fr.**

Horlogerie.

L'Horlogerie électrique, par A. TOBLER, professeur à l'École polytechnique de Zurich. Édition française revue et augmentée, par L. DE BELFORT DE LA ROQUE, ingénieur civil. — Un volume in-16, avec 65 figures dans le texte. — Prix. . . . . **8 fr.**

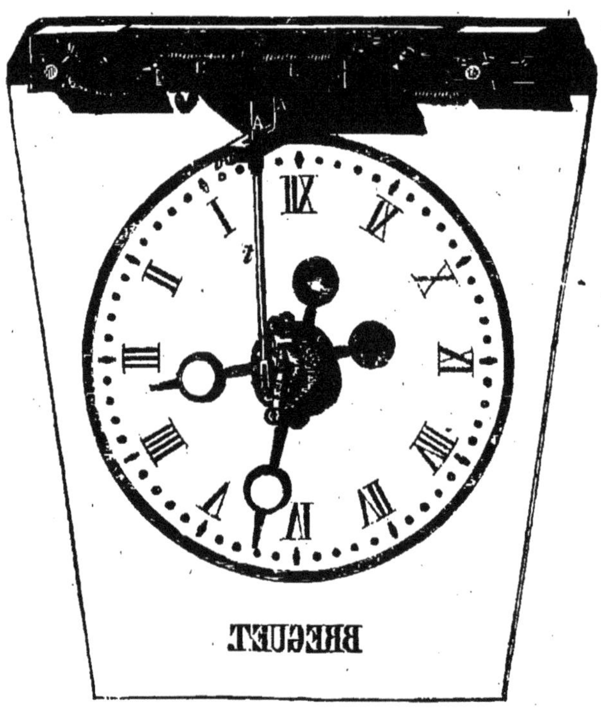

Horloge électrique, système BRÉGUET.

TABLE DES MATIÈRES. — Unités de mesures. — Unités fondamentales, système C. G. S. — Unités géométriques. — Unités mécaniques. — Unités électro-magnétiques. — Introduction. — Appareils à cadrans sympathiques et régulateurs. — Horloges de Wheatstone, Bain, Garnier, Stohrer, Fritz, Bréguet. Siemens et Halske, du chemin de fer de Droz, de Houdin-Callaud et Mildé, Gloesener. Hipp. Arzberger. — Appareil de contact à mercure de Leclanché et Napoli, et de E. Lias. — Remise à l'heure. — Systèmes de Bréguet, de Collin. — Réglages des horloges à Berlin, à Paris. — Système de Barraud et Lund. — Système de Hipp. — Horloges à pendules électriques de Liais et de Kramer. — Horloge à pendule de Hipp. — Horloge de Schweizer. — Pendules à remontoir électrique. —

Pendules à remontoir Mouilleron et Anthoine. — Pendule de Callaud. — Horloge de M. Bréguet. — Pendule électrique à remontoir et à sonnerie, système Japy frères et Cⁱᵉ. — Horloges électriques, système Château. — Horloges à remontage électrique.

Houille.

La Houille. Épuration, criblage, triage et lavage de la houille, par A. Burat, ingénieur, professeur à l'École centrale des Arts et Manufactures; in-4° avec 8 planches in-folio (1881). — Prix. . . . . **10 fr.**

Ingénieur.

Carnet de l'Ingénieur. Recueil de tables, de formules et de renseignements usuels et pratiques sur l'industrie, chimie, physique, mécanique, machines à vapeur, hydraulique, résistance, frottements, etc., à l'usage des ingénieurs, des constructeurs, des architectes, des chefs d'usines, des mécaniciens, des directeurs et conducteurs de travaux, des agents-voyers, des manufacturiers et des industriels; par une réunion d'ingénieurs et de savants français et étrangers (Carnet Lacroix); 1 volume in-16, relié toile, format de poche, 400 pages petit texte compact, avec nombreuses figures, etc. — 53ᵐᵉ tirage. — Prix. . . . . **4 fr. 50**

Irrigations.

Irrigations du Midi de l'Espagne, par M. Aymard, ingénieur des Ponts et Chaussées; in-8°, 320 pages et atlas de 16 planches in-fol. — Publié à 30 fr. (1864). — Prix. . . . . **18 fr.**

Tout le monde sait que des résultats merveilleux ont été obtenus dans le Midi de l'Espagne, contrée autrefois aride et dévastée par les torrents; mais peu de personnes connaissent les travaux qui ont amené ces résultats, et pourraient dire par quelles combinaisons administratives on a pu grouper et réunir en faisceau toutes les volontés qui ont concouru à créer l'état de choses existant et qui concourent à le maintenir et à l'améliorer.

L'ouvrage de M. Aymard est tellement rempli de faits et présente, sur une foule de points, des renseignements si détaillés et si étendus, qu'il est presque impossible de l'analyser. Il donne une description détaillée des travaux à l'aide desquels on a créé les irrigations. L'auteur a aussi consacré un chapitre fort complet à l'alimentation des villes qu'il a visitées.

Laine.

Travail des Laines cardées. Cardage et filage, par A. Lohnisch, édition française, par H. Danzer, ingénieur; in-8°, 86 pages et 52 figures. Prix. . . . . **3 fr.**

Lait.

Laiterie, Beurre et Fabrication des Fromages. Lait. — Analyse. — Conservation. — Écrémage. — Barratage. — Conservations. — Fromages mous, frais, affinés, cuits, etc., par E. Rigaux, professeur à l'École d'Agriculture de Mende, 320 pages, 78 figures. — Prix . . . . **3 fr.**

Laminage.

Manuel pratique de Laminage du Fer. Principe du

laminage. — Influence du diamètre des cylindres. — Influence de la vitesse. — Influence de la nature, de l'état calorique et de la manière dont on présente le fer aux cylindres. — Applications des principes du laminage. — Classement des trains de laminoirs. — Règle du tracé des cannelures. — Classification des trains de laminoirs. — Trains de puddlage. — Gros train n° 1. — Gros train n° 2. — Train cadet. — Train à guides. — Train mixte. — Train machine. — Généralités sur les cylindres. — Classification des cylindres. — Lignes des cannelures. — Entrée des cannelures. — Sortie des cannelures. — Guidage des cylindres. — Levage des cylindres. — Montage des cylindres dans les cages. — Guidage du fer à l'entrée et à la sortie des cylindres. — Tracé des cannelures.

Acier : Dégrossisseurs ogives. — Dégrossisseurs carrés. — Mises du puddlage. — Fers plats. — Gros ronds. — Gros carrés. — Feuillards. — Fers en U. — Fers à T doubles-cornières. — Fers à simple T. — Fers à paumelles. — Fers zorès. — Rails. — Fers à bourrelets. — Fers demi-ronds. — Vitrages et demi-vitrages. — Fers à nœuds pour crampons. — Petits carrés aux guides. — Petits ronds droits aux guides.

Par F. NEVEU et L. HENRY, ingénieurs-métallurgistes ; 1 volume in-16, avec 6 figures et 10 tableaux et atlas de 117 planches in-folio. — Prix. .   **40 fr.**

Mécanique et Machines (Voir CHAUFFEURS).

Éléments proportionnels de Construction mécanique, disposés en séries propres à faciliter l'étude et l'exécution des

diverses pièces détachées des constructions mécaniques, par D.-A. CASALONGA, ingénieur civil, ancien élève des Arts et Métiers ; 1 vol. cartonné, grand in-4°, comprenant un texte et 64 planches. — Prix . . . .   **25 fr.**

Le but de cet ouvrage est de permettre de déterminer rapidement par une simple lecture et d'une façon précise, les dimensions des divers détails d'une construction mécanique donnée.

Il se compose d'un texte et de planches comprenant les figures des pièces étudiées et divers tableaux donnant toutes les dimensions des séries les plus employées.

Cet ouvrage contient 2,405 séries et 37,734 dimensions diverses.

Les dessinateurs-mécaniciens, les chefs de travaux ou de bureaux de dessin, les ingénieurs pour la construction, trouveront un aide efficace et un contrôle sûr dans la possession de ces documents, où ils puiseront les détails des projets dont ils auront déterminé les conditions principales.

Catéchisme des Chauffeurs et des Machinistes.

Législation. — Combustion. — Conduite. — Entretien. — Mise en marche. — Organes, etc., 5ᵐᵉ édition revue et augmentée, in-16, figures dans le texte. Prix, cartonné. . . . .   **1 fr. 50**

Des Régulateurs appliqués aux Machines à vapeur

par V. LEBEAU, in-8°, 19 figures (1890). — Prix . . . .   **2 fr.**

Manuel de l'Ouvrier Mécanicien. 8 volumes in-16 avec nombreuses figures dans le texte, par M. Georges FRANCHE, ingénieur-mécanicien (Arts et Métiers, E. C. P).

1re Partie. — *Principes de Mécanique générale :* Statique, Cinématique, Dynamique, Théorie de la chaleur. Un vol. in-16 cartonné, 95 figures. Prix . . . .   **2 fr.**

2me Partie. — *Outils, Machines-Outils :* Travail du bois. — Travail des métaux. — 1 volume in-16 cartonné, 79 figures. — Prix . . . . .   **2 fr.**

3me Partie. — *Forge et Fonderies :* Travail du fer. — Travail du cuivre. — 1 volume in-16 cartonné, 143 figures. — Prix . . . .   **2 fr.**

4me Partie. — *Engrenages et Transmissions :* Engrenages cylindriques, coniques, hélicoïdaux. — Transmissions fixes. — Arbres. — Poulies. — Flexibles, in-16, cartonné, 88 figures. — Prix . . . .   **2 fr.**

5me Partie. — *Boulons, Rivets, Chaudronnerie :* Assemblage. — Filetage et taraudage. — Chaudronnerie de fer. — Chaudronnerie de cuivre. — Chaudières. — 1 volume in-16 carré cartonné, 167 figures. — Prix.   **2 fr.**

6me — Machines à vapeur:
7me — Moteurs à gaz, pétrole et alcool.   } *En préparation.*
8me — Hydraulique.

Cours de Chaudières et de Machines à vapeur.
Théorie et pratique, par L. POILLON, ingénieur-mécanicien (1877) avec supplément (1879), 2 beaux volumes in-8°, 687 pages et 14 planches. — Publié à **30** fr. — Réduit à . . . .   **7 fr. 50**

Mines. — Minéralogie. — Lithologie (Voir SONDAGES).

Manuel pratique du Prospecteur. — Guide du prospecteur
et du voyageur pour la recherche des métaux et des minéraux précieux, par J.-W. ANDERSON. — Édition française, d'après la huitième édition anglaise, par J. ROSSET, ingénieur civil des Mines. — In-16, 73 figures dans le texte (1901). Prix : cartonné toile, **5** fr. ; broché. . . . .   **4 fr. 50**

Cours de Minéralogie professé à l'École Centrale, par DE SELLE, professeur à l'École Centrale. — Minéralogie :
phénomènes actuels. Les dix-huit premiers chapitres traitent des phénomènes qui ont bouleversé notre globe ; les chapitres suivants traitent de la minéralogie et donnent la description de toutes les espèces et variétés minérales considérées comme indiscutables et classées par familles ; 1 fort volume de 585 pages in-8° et 1 atlas de 147 planches comprenant 978 figures et 27 tableaux. (Publié à 25 fr.). — Prix . . . .   **7 fr. 50**

Lithologie du fond des Mers, publié sous les auspices de

MM. les Ministres de la Marine et des Travaux publics, par M. DELESSE, ingénieur en chef des Mines, professeur à l'École des Mines. — 1 volume in-8°, 480 pages de texte; 1 volume de 136 pages de tableaux et un atlas de 4 planches in-folio, en couleurs (Publié à 35 francs). — Prix . .   **7 fr. 50**

Navigation.

La Navigation Sous-Marine. Bateaux sous-marins historiques.—

Bateaux sous-marins actuels; par A.-M. VILLON. — 1 vol. in-16, 11 figures. — Prix . . . .   **1 fr. 50**

Or.

L'Or. Gîtes aurifères. Extraction de l'Or. Traitement

du minerai. — Emplois et analyse de l'or. — Vocabulaire des termes aurifères. — Par H. DE LA COUX, ingénieur-chimiste; 1 beau volume in-16, nombreuses figures dans le texte. — Prix . . . .   **5 fr.**

Parfumerie.

Manuel du Parfumeur. Odeurs, essences, extraits et vinaigres de

toilette, poudres, sachets, pastilles, émulsions, pommades, dentifrices; par W. ASKINSON; 2me édition française, par G. CALMELS. — Histoire de la parfumerie. — Matières odorantes en général. — Matières odorantes extraites du règne végétal. — Matières animales. — Produits chimiques. — Préparation des matières odorantes. — Des falsifications des huiles essentielles. — Essences et extraits. — Parfumerie proprement dite. — Parfums de mouchoirs. — Parfums ammoniacaux. — Des parfums secs. — Pastilles fumigatoires. — Parfumerie cosmétique et hygiénique. — Préparation des émulsions, des poudres, des pâtes, du lait végétal et des crèmes. — Des préparations employées pour l'hygiène des cheveux et de la bouche. — Parfumerie cosmétique. — Fards et produits servant à embellir la peau. — Préparation pour colorer les cheveux et préparations épilatoires. — Cires, bandolines et brillantines. — Des couleurs employées en parfumerie. — 1 fort volume in-16 avec 30 figures dans le texte. — Prix . . . .   **6 fr.**

Les Huiles essentielles, par E. GILDEMEISTER et FR. HOFFMANN.

Traduction par A. GAULT, avec préface de A. HALLER, professeur à l'Université de Paris. — Historique des procédés et appareils distillatoires. — Préparation des huiles par la distillation. — Principes constituants. — Essai des huiles essentielles. — Plantes d'où l'on tire les huiles essentielles. — Origine, production, propriétés. — Composition et commerce des huiles essentielles. 1 vol. in-8°, 868 pages, avec 84 gravures et 2 cartes 1900, 1/2 reliure avec coins tranches marbrées . . . .   **25 fr.**

Phonographe.

Le Phonographe et ses applications, par A.-M. VILLON,

ingénieur. — 1 volume in-16, avec 36 figures dans le texte. — Prix.   **2 fr.**

Photographie.

Photographie. Encyclopédie de l'Amateur-Photographe, par MM. G. Brunel, P. Chaux, E. Forestier et A. Reyner;

10 volumes in-16, près de 500 figures dans le texte. — Prix (les 10 volumes dans un élégant étui) . . . . **20 fr.**

On vend séparément chaque volume . . . . **2 fr.**

Voici les titres des volumes et l'analyse des matières que chacun renferme. On pourra ainsi juger du plan adopté pour cette *encyclopédie* appelée, croyons-nous, à rendre les plus grands services, aussi bien aux débutants qu'aux amateurs exercés.

N° 1. — **Choix du matériel et installation du laboratoire.** — Ce que c'est que la photographie. — Théorie abrégée. — Formation des images. — Image latente. — Corps sensibles, leur révélation. — Termes photographiques. — Différents appareils. — Les diaphragmes, les obturateurs. — Le laboratoire élémentaire ou complet, comment on l'installe. — Les accessoires. — Les produits, leur conservation. — Conditions hygiéniques du laboratoire, par G. Brunel et E. Forestier. — Prix . . . . . **2 fr.**

N° 2. — **Le sujet. — Mise au point.** — Temps de pose. — Classement des opérations. — Choix du sujet. — Son éclairage. — Station et mise au point. — Le temps de pose. — Composition des vues, par G. Brunel. — Prix . . . . **2 fr.**

N° 3. — **Les clichés négatifs.** — Les plaques sensibles. — Les pellicules. — Mise en châssis. — Le développement. — Les révélateurs, leur action. — Choix de révélateurs. — Formules simples et précises. — Les révélateurs à un bain, à deux bains. — Les révélateurs automatiques. — Fixage. — Lavage. — Alunage. — Séchage. — Vernissage. — Conservation des négatifs. — Répertoire des clichés. — Par G. Brunel et E. Forestier. — Prix . . . . **2 fr.**

N° 4. — **Les épreuves positives.** — Les épreuves positives. — La préparation du papier sensible. — Différents papiers fournis par l'industrie. — Différents bains. — Les viro-fixateurs. — Virage, fixage. — Lavage, séchage. — Finissage. — Collage, montage, satinage. — Préparation d'un album. — Par G. Brunel. — Prix . . . . **2 fr.**

N° 5. — **Les insuccès et la retouche.** — Mauvais négatifs, mauvais positifs; causes, discussions, recherches. — Moyens d'éviter les insuccès — Remèdes. — Bains compensateurs. — La retouche des clichés et des photocopies. — Par G. Brunel. — Prix . . . . **2 fr.**

Nº 6. — **La photographie en plein air.** — Appareils spéciaux. — Détectives et jumelles. — La photographie instantanée. — Les sujets, conditions qu'ils doivent remplir. — La pose. — Les opérations de laboratoire. — La photographie scientifique, topographique, ethnographique, beaux-arts, par G. BRUNEL et P. CHAUX. — Prix . . . . **2 fr.**

Nº 7. — **Le portrait dans les appartements.** — Disposition et éclairage. — Les objectifs. — La mise au point. — Les écrans. — La pose et le maintien du modèle. — Différents procédés. — Conduite des opérations, par A. REYNER. — Prix . . . . **2 fr.**

Nº 8. — **Les agrandissements et les projections.** — Les agrandissements et les réductions. — Les projections. — Les positifs sur verre. — Epreuves sur opale. — Epreuves artistiques, par G. BRUNEL. — Prix . . . . **2 fr.**

Nº 9. — **Les objectifs et la stéréoscopie.** — Quelques notions d'optique. — L'objectif photographique. — Différentes formes. — Classement. — Défauts, qualités. — Choix des objectifs. — Essai des objectifs. — Détermination et comparaison de la valeur des objectifs. — La photographie stéréoscopique, par G. BRUNEL. — Prix . . . . **2 fr.**

Nº 10. — **La photographie en couleurs.** — Positifs colorés sur verre et sur papier, monochromes et polychromes. — Les différents tons pouvant être obtenus à l'aide du bain de virage. — La photographie des couleurs. — La photominiature et la photopeinture, par G. BRUNEL. — Prix . . . . **2 fr.**

Nouveau traité complet de Photographie pratique,

contenant les découvertes les plus récentes, par A. LIÉBERT, artiste photographe à Paris ; 4ᵐᵉ édition augmentée d'un appendice théorique et pratique sur le gélatino-bromure, 1 beau volume in-8° de 700 pages, 77 figures et 18 photographies, cartonnage élégant, toile anglaise avec plaque spéciale (1884, publié à 25 fr.). — Prix . . . . **12 fr. 50**

Guide du Photographe et de l'Amateur Photographe,

par PAUL FABRE-DOMERGUE, 1 volume in-16, 128 pages, 48 figures, couverture ornée d'une épreuve instantanée. — Prix . . . . **3 fr.**

Piles (Voir ACCUMULATEURS-ÉLECTROLYSE).

Les Piles électriques et les Piles thermo-électriques,

par W. HAUCK. — Troisième édition française, par G. FOURNIER, ingénieur-électricien. — 1 fort volume in-16, orné de 71 fig. dans le texte. — Prix . . . . **4 fr. 50**

Radiographie.

Manuel pratique de Radiographie. Pratique des rayons X,

par G. BRUNEL. — 1 volume in-16, 56 figures, 3ᵐᵉ édition . .—Prix. **1 fr. 50**

Savons (Voir BOUGIES).

Manuel pratique du Savonnier. *Savons communs, savons de toilette, mousseux, transparents, médicinaux, pâtes et émulsions, analyse des savons, par MM. CALMELS et WILTNER, chimistes.*

EXTRAIT DE LA TABLE DES CHAPITRES : Historique des savons. — Réaction fondamentale de la saponification. — Des matières employées pour la fabrication des savons. — Préparation des lessives alcalines. — Fabrication du savon. — De la saponification en général. — Classification des savons. — Fabrication des

Machine à mouler les savons.

diverses sortes de savons. — Savons médicinaux. — Moulage des savons. — Tableaux de cuisson. — Fabrication des savons par la vapeur. — Fabrication des savons de toilette. — Préparation de la masse destinée à la fabrication des savons de toilette. — Description des machines employées pour la fabrication des savons de toilette. — Couleurs et substances colorantes. — Recettes pour la préparation des savons de toilette. — Analyse des savons. — 1 volume in-16, 26 figures dans le texte. — Prix. **4 fr.**

Soie.

Manuel pratique de la Soie. Education des vers. — Filage des cocons. — Cuite. — Assouplissage. — Blanchiment. — Filature des déchets. — Moulinage. — Conditionnement des soies. — Teinture et dorure de la soie. — Par A. VILLON, ingénieur à Lyon; 1 fort volume in-16, nombreuses figures dans le texte. — Prix. . . . . **6 fr.**

Sondages (Voir MINES).

Manuel pratique de Sondages. Études et recherches souter-
raines par sondages à de faibles profondeurs, par Ed. LIPPMANN, ingénieur
civil. — 1 vol. in-16, avec 5 planches (1901). Prix, cartonné . . . . **4 fr. 50**

Sonneries Electriques.

Les Sonneries électriques. Installation et entretien, par Georges
FOURNIER, ingénieur-électricien, d'après O. CANTOR. — Quatrième édition. —
1 volume in-16, avec 59 figures dans le texte. — Prix . . . . . **2 fr. 50**

EXTRAIT DE LA TABLE DES MATIÈRES. — Préface. — Unités électriques. — Introduction. — Les sonneries électriques employées aux usages domestiques. — Les
appareils avertisseurs automatiques. — Installation et pose des circuits et appareils. Règles à observer. — Exemple de pose et d'installation. — Calcul des
intensités de courant nécessité dans la pratique. Exemples. — Les sonneries
électromagnétiques.

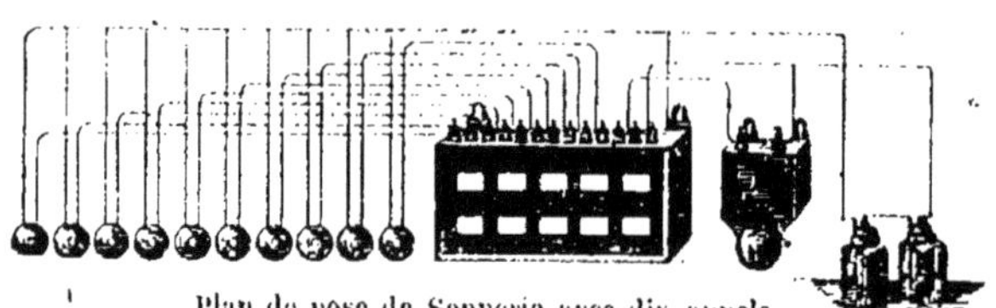

Plan de pose de Sonnerie avec dix appels.

Album de 32 plans de pose de sonneries élec-
triques, par S. DENIS, fils aîné, constructeur-mécanicien. — Troisième
tirage, in-12 oblong. — Prix . . . . **1 fr.**

Sucre.

Manuel du Fabricant de Sucre. Sucre de betteraves, de
cannes; par P. BOULIN, chimiste-industriel; 1 beau volume in-16, 30 figures
dans le texte (1889). — Prix . . . . **6 fr.**

Fabrication du Sucre (Traité complet théorique et pratique de
la). — Guide du fabricant, par le Dr Charles STAMMER; 1 volume gr. in-8°,
718 pages avec 165 figures, nombreux tableaux dans le texte et 3 planches.
Cartonné. (1875). — Prix . . . . **20 fr.**

Manuel pratique de Diffusion. Historique. — Théorie. —
Diffusion. — Contrôle. — Rendements. — Devis. — Installation, par
ÉLIE FLEURY et ERNEST LEMAIRE, in-8° (1880). — Prix réduit . . . . **3 fr.**

Tabac.

Tabac. Description historique, botanique et chimique. — Climat. — Culture.
— Frais. — Produits. — Mode de dessiccation. — Séchoirs. — Conservation.
— Commerce; par V.-P.-G. DEMOOR. — In-18, 130 pag., 20 fig. — Prix. **2 fr.**

Teinture (Voir COULEURS).

Manuel pratique du Teinturier. Matières colorantes, par J. HUMMEL, directeur du Collège de Teinture de Leeds. Edition française, par M. F. DOMMER, professeur à l'École de physique et de chimie industrielles. — 1 fort volume in-16, 80 figures dans le texte.

Le Traité de la Teinture des Tissus, du professeur Hummel, est le livre classique des teinturiers anglais.

Machine pour exprimer le fil à teindre en rouge turc.

Nous avons pensé qu'il ne serait pas sans intérêt, pour les teinturiers français, de connaître cet ouvrage, où le praticien trouvera, à côté de la théorie, la pratique raisonnée des opérations de teinture, en même temps qu'une étude complète des matières colorantes, considérées au point de vue de leurs applications. — Prix. . **7 fr. 50**

Télégraphie.

Traité de Télégraphie électrique. Cours théorique et pratique à l'usage des fonctionnaires de l'Administration des Lignes télégraphiques, des ingénieurs, constructeurs, inventeurs, employés des Chemins de fer, etc., etc, par E.-E. BLAVIER, inspecteur des Lignes télégraphiques. — 2 beaux volumes in-8° de 952 pages, avec 413 figures dans le texte (1867) (Publié à 20 fr.). — Prix. . . . . **10 fr.**

Téléphonie.

Manuel pratique du Téléphone. 1re partie. — Installations privées. — Téléphone. — Microphone et Radiophone, par Théodore SCHWARTZE. — Troisième édition française, par S. FOURNIER et D. TOMMASI. — 1 volume in-16, avec 153 figures dans le texte. — Prix. . . . . **4 fr.**

2me partie. — Traité de téléphonie. — Installations industrielles à grande distance, par le Dr V. WIETLISBACH. — 1 volume in-16, avec 123 figures dans le texte. — Prix. . . . . . . **4 fr.**

Tourbe.

La Tourbe. Son extraction et son emploi comme combustible industriel, guide pratique de la fabrication des briquettes de tourbe et pour leur utilisation générale en métallurgie, en verrerie, en cristallerie et pour le chauffage au gaz, par M. LENCAUCHEZ. — 1 volume grand in-8°, avec atlas in-4° de 17 planches doubles. — Prix. . . . . **7 fr. 50**

Transport de la force.

Le Transport de la force par l'Électricité, par Ed. JAPING, ingénieur-électricien. — Troisième édition française. — Annotée et augmentée de la description des plus récentes applications du Transport de la force, par M. Marcel DEPREZ, membre de l'Institut. — 1 volume in-16, avec 49 figures dans le texte. — Prix. . . . . **5 fr.**

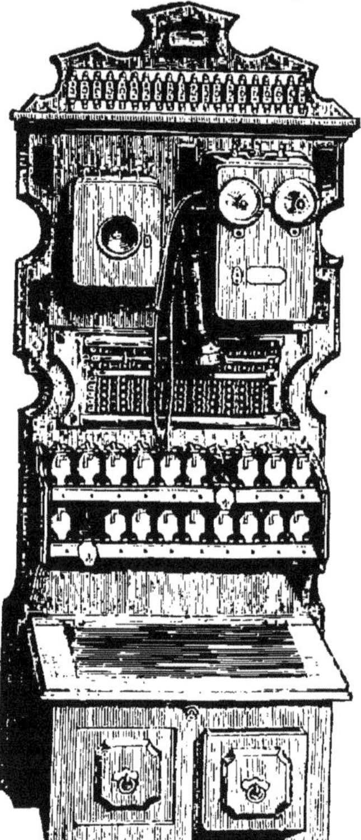

Spécimen des figures de la *Téléphonie Industrielle.*

EXTRAIT DE LA TABLE. — Introduction du transport de la force en général et en particulier du transport de la force par l'électricité. — Forces naturelles propres à être transmises par l'électricité. — Machines électriques pour la production du courant électro-moteur. — Théorie de la transformation du courant en travail. — Considérations théoriques concernant le rapport de la force à de grandes distances. — Emploi des machines électriques. — Les conducteurs électriques. — La propagation et la distribution du courant électrique. — Distribution du courant électrique. — Transformateurs et accumulateurs. — Procédé pour diminuer les pertes d'énergie. — Applications industrielles. — Rendement économique du Transport de la force par l'électricité. — Appendice. Nouvelles expériences du transport de la force.

Turbines.

Construction des Turbines et des Pompes centrifuges, par Lucien Vallet, ingénieur-constructeur. — 1 volume in-8° et atlas de 15 planches (1875). — Prix. . . . . **15** fr.

Vernis.

Manuel pratique du Fabricant de Vernis. Gommes. — Huiles. — Térébenthines. — Huiles siccatives, — Vernis gras. — Vernis à l'essence. — Vernis à l'alcool, par E. Coffignier, 1 fort volume in-16, avec figures. — Prix . . . . **5** fr.

Extrait de la Table des Matières. — Matières premières. — Analyses des gommes. — Résinates et linoléates. — Les dissolvants. — Huiles végétales. — Les Térébenthines. — La gemme. — Les résineux. — Fabrication des huiles siccatives. — Diverses cuissons. — Fabrication des vernis gras. — Analyse et essai des vernis. — Différents vernis à l'essence. Leur mode de fabrication. — Fabrication des vernis à l'alcool. — Les principaux vernis à l'alcool. — Vernis mixtes. — Vernis au caoutchouc. — Vernis à l'eau.

Vinaigre.

Manuel pratique du Vinaigrier. Méthodes nouvelles de fabrication du vinaigre, par Ch. Franche, ingénieur-chimiste. — Un beau volume in-16, nombreuses figures dans le texte (1901). — Prix . . **4** fr. **50**

Extrait de la Table des Matières. — Acide acétique. — Propriétés générales. — Origine chimique de l'acide acétique. — Fermentation acétique. — Choix des liquides pour la fabrication du vinaigre. — Différentes méthodes : Méthode d'Orléans, Méthode Pasteur, Méthode anglaise, Nouvelles Méthodes, etc. — Propriétés, traitement, conservation, emmagasinage. — Essai et analyse du vinaigre. — Falsifications.

Vins (Voir Arbres Fruitiers. Vigne).

Manuel général des Vins (Nouvelle édition revue et corrigée), par Édouard Robinet (d'Epernay).

Le manuel général des vins dont nous offrons une nouvelle édition au public est naturellement un livre indispensable, non seulement au public spécial, négociants en vins, viticulteurs, etc., mais encore à tous ceux qui possèdent une cave. Les connaissances spéciales, la longue expérience de l'auteur donnent au second volume une importance considérable, et nous ne craignons pas de dire qu'il n'est pas un seul fabricant de vins mousseux qui ne l'ait consulté avec fruit.

Le troisième volume forme un guide d'analyse des vins, mettant cette science si délicate à la portée de tous ; il complète la bibliothèque du négociant, du viticulteur et du simple particulier.

Trois beaux volumes in-16, de 1,366 pages et 136 figures. — Prix. . . **15** fr.

On vend séparément :

Tome Ier. — Vins rouges. — Vins blancs. — Vins artificiels. . . . . . . **5** fr.
Tome II. — Vins mousseux. — Champagnes. . . . . **5** fr.
Tome III. — Analyse des Vins. — Fermentation. — Falsifications. . . . . **5** fr.

Note sur la fabrication des vins mousseux dans les pays chauds, 1 volume in-16, 32 pages. — Prix . . . . . **1** fr. **50**

DICTIONNAIRE

DE

CHIMIE INDUSTRIELLE

COMPRENANT TOUTES LES APPLICATIONS DE LA CHIMIE

à l'Industrie, à la Métallurgie, à l'Agriculture, à la Pharmacie et aux Arts et Métiers

avec la traduction russe, anglaise, allemande, espagnole et italienne de la plupart des termes techniques

PAR MM.

A.-M. VILLON	P. GUICHARD
INGÉNIEUR-CHIMISTE	MEMBRE DE LA SOCIÉTÉ CHIMIQUE DE PARIS
PROFESSEUR DE TECHNOLOGIE CHIMIQUE	ANCIEN PROFESSEUR DE CHIMIE
	A LA SOCIÉTÉ INDUSTRIELLE D'AMIENS

AVEC LA COLLABORATION D'UN GROUPE DE CHIMISTES ET D'INGÉNIEURS

Le but de cette nouvelle Encyclopédie est de réunir, sous une forme facile à consulter, débarrassée de tous les détails théoriques, l'ensemble de nos connaissances actuelles sur la Chimie industrielle. — Elle s'adresse à toute personne appelée à s'occuper, de près ou de loin, des questions si importantes, mais souvent fort embarrassantes, de la chimie appliquée. L'industriel est souvent gêné, lorsqu'il vent se procurer les renseignements dont il a besoin. Les traités spéciaux ne donnent pas entière satisfaction aux nécessités si diverses des exploitations industrielles. Tantôt le document pratique cherché est noyé dans des détails trop théoriques, tantôt il est entouré d'explications plus ou moins claires, qui en rendent la lecture obscure et trop abstraite. — Le chimiste industriel est un expérimentateur. Il faut qu'il soit en état d'user à temps de tous les procédés connus, de toutes les méthodes de contrôle reconnues exactes, sauf à inventer lui-même de nouveaux moyens appropriés aux circonstances au milieu desquelles il se trouve placé.

Mode de publication :

L'ouvrage complet en 36 livraisons, forme 3 vol., petit in-4°.

L'ouvrage complet, au prix de 75 francs, est payable 37 fr. 50 comptant et 37 fr. 50 à trois mois.

Le Tome Ier (fascicules 1 à 12) se vend séparément 30 francs.

Le Tome II (fascicules 13 à 22) se vend séparément 25 francs.

Le tome III (fascicules 23 à 36) se vend séparément 25 francs.

Voir pages 29 et 30 un spécimen réduit d'une page de texte et la nomenclature des fascicules.

Les fascicules sont vendus séparément :

Fascicules 1 à 19, chaque fascicule, 3 francs.

Fascicules 20 à 36, — — 2 —

Dictionnaire de Chimie Industrielle (*Suite*)

Chaque fascicule se vend séparément

1 : *Abaca à Acide azotique ;* 46 figures. . . . .   **3** fr.
2 : *Acide azotique — Acide phénique ;* 62 figures. . . . .   **3** —
3 : *Acide phosphoreux — Acide sulfurique ;* 75 figures . . . . . .   **3** —
4 : *Acide sulfurique — Air ;* 44 figures . . . .   **3** —
5 : *Air — Alliages ;* 42 figures. . . . .   **3** —
6 : *Alliages — Amphibole ;* 54 figures . . . .   **3** —
7 : *Amphigène — Auramine ;* 17 figures. . . . .   **3** —
8 : *Auramine — Bismuth ;* 37 figures . . . .   **3** —
9 : *Bismuth — Broggérite ;* 27 figures. . . . .   **3** —
10 : *Brome — Caoutchouc ;* 48 figures. . . . .   **3** —
11 : *Caoutchouc — Chlore ;* 55 figures. . . . .   **3** —
12 : *Chlore — Chromates ;* 50 figures. . . . .   **3** —
13 : *Chromates — Corps composés ;* 26 figures . . . .   **3** —
14 : *Corps composés — Dialyseurs ;* 50 figures . . . .   **3** —
15 : *Digestion — Eau ;* 66 figures. . . . .   **3** —
16 : *Eau — Engrais ;* 23 figures. . . . .   **3** —
17 : *Eponges — Explosifs ;* 36 figures. . . . .   **3** —
18 : *Farines — Fer, etc. ;* 29 figures. . . . .   **3** —
19 : *Fermentation — Fromages, etc. ;* 54 figures. . . . .   **3** —
20 : *Gaiac — Gaz d'éclairage ;* 28 figures. . . . .   **2** —
21 : *Gaz — Glucose ;* 12 figures. . . . .   **2** —
22 : *Glucose — Gypse ;* 13 figures. . . . .   **2** —
23 : *Hallosyte — Hydrotimétrie ;* 14 figures . . . . . .   **2** —
24 : *Hydrotimétrie — Jaune :* 7 figures . . . .   **2** —
25 : *Jaune — Lin ;* 15 figures.. . . . .   **2** —
26 : *Linoléum — Monazite ;* 15 figures. . . . .   **2** —
27 : *Mordants — Or ;* 25 figures. . . . .   **2** —
28 : *Or — Pain ;* 27 figures. . . . .   **2** —
29 : *Pain — Pétrole ;* 21 figures. . . . .   **2** —
30 : *Pétrole — Pommades ;* 5 figures. . . . .   **2** —
31 : *Poteries — Sang* . . . .   **2** —
32 : *Santal — Soufre ;* 17 figures . . . .   **2** —
33 : *Soufre — Teinture ;* 39 figures. . . . .   **2** —
34 : *Teinture — Verrerie ;* 37 figures. . . . .   **2** —
35 : *Verrerie — Zircon ;* 20 figures. . . . .   **2** —
36 : Complément : *Introduction* et *Frontispice*. . . . .   **2** —

Spécimen réduit d'une page du DICTIONNAIRE DE CHIMIE INDUSTRIELLE

ALDÉHYDE FORMIQUE

voie la masse dans un appareil à distiller et on chasse l'aldéhyde au moyen d'un courant de vapeur barbotante. Quelquefois, on rectifie encore l'aldéhyde ainsi purifiée.

L'aldéhyde benzoïque commerciale ne subit pas cette rectification, qui entraîne à des pertes sensibles.

Propriétés. — L'aldéhyde benzoïque est une huile incolore, très réfringente, possédant une odeur aromatique agréable, rappelant celle des amandes amères et une saveur âcre et brûlante. Elle bout à 180°; sa densité est 1,0504. Elle est soluble dans 30 parties d'eau et miscible, en toutes proportions, avec l'alcool et l'éther.

L'aldéhyde benzoïque est employée en parfumerie et pour la fabrication des couleurs artificielles, comme le vert malachite, le vert brillant, etc.

ALDÉHYDE FORMIQUE. — [Russe : Муравейный альдегид.; Angl : *Formaldehyd*, Allem. : *Ameisenaldehyd, Formaldehyd*; Ital. : *Aldéido formico*; Esp. : *Aldehide formico*)

Syn *Formaldéhyde. Formol. Méthanol*

Formule · CH²O

Ce corps, découvert par Hoffmann, a été plus spécialement étudié par M. Trillat qui a découvert ses propriétés antiseptiques énergiques.

Pour le préparer, M Trillat dirige un courant de vapeurs d'alcool méthylique, produites dans une chaudière A (fig. ci-dessous), dans un tube en cuivre B, dont l'ouverture G est conique. Ce jet de vapeur, faisant trompe, aspire l'air qui lui est nécessaire pour son oxydation. Le mélange de vapeurs alcooliques et d'air passe sur de l'amiante platinée E, chauffée au rouge. L'oxyde de cuivre, les corps poreux, tels que

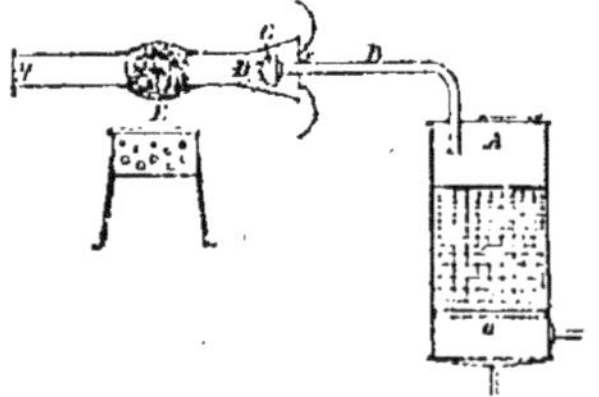

Fabrication de l'aldéhyde formique

le charbon des cornues, la porcelaine, le coke, peuvent remplacer l'amiante platinée. Les vapeurs, qui se dégagent, sont composées d'un mélange d'eau, d'alcool méthylique, de formol et de traces d'acide acétique et formique. On les condense dans de l'eau. On purifie la solution aqueuse en l'évaporant pour chasser l'alcool méthylique et les acides; on peut s'aider du vide. Pour obtenir le formol tout à fait pur, il faudrait passer par sa combinaison bisulfitique.

Le formol, à l'état de solution à 30 ou 40 0/0, est un liquide incolore, sirupeux, d'une odeur piquante. On ne peut l'obtenir plus concentré; sans cela, il se changerait en trioxyméthylène, qui se déposerait en poudre amorphe.

Le formol n'est pas très volatil; on peut concentrer ses solutions au bain-marie. Ses vapeurs ne sont pas inflammables.

C'est un antiseptique puissant, à la dose de 1/12000; il conserve le bouillon de veau, pendant plusieurs semaines, tandis que le même bouillon, additionné de 1/6000 de bichlorure de mercure, se décompose en 5 ou 6 jours. A la dose de 1/1000, il tue les microbes salivaires en moins de 2 heures.

La viande immergée, pendant 3 minutes, dans une solution d'aldéhyde formique au 1/500, peut se conserver pendant 5 jours; avec une immersion de 60 minutes, on peut la conserver pendant 25 jours. Les vapeurs d'aldéhyde formique, dégagées d'une solution à 10 0/0, empêchent la corruption de la viande, en faisant agir ces vapeurs sous pression, la conservation est encore plus longue.

ALE. — V. Bière.

ALEMBROTH — [Russe : Алемброта соль; Angl. : *Alembrot*; All. *Weisheitssalz*; Ital. : *Alembroth*; Esp : *Alembroth, Sal alembrotti*].

Syn.: *Sel alembroth, Sel de sagesse, Sel de science, Chlorohydrargirate ammoniacal.*

Formule : 2AzH⁴Cl³, HgCl², H²O.

Sel obtenu en mélant deux solutions, l'une de sel ammoniac et l'autre de bichlorure de mercure, dans les proportions indiquées par la formule ci-dessus. Il est employé en médecine à la place du sublimé.

Le sel d'alembroth insoluble s'obtient en ajoutant de l'ammoniaque à la solution du sel double ci-dessus. Le précipité, lavé et séché, porte les noms de *Lait mercuriel, Mercure précipité blanc, Mercure cosmétique.*

ALDOL. — [Russe : Альдоль; Angl. · *Aldol*; Allem. : *Aldol*; Ital. : *Aldol*; Esp. : *Aldol.*[

Formule · C⁴H⁸O²

Produit de condensation de l'aldéhyde. On le prepare en mélant, peu à peu, 100 g. d'aldéhyde avec 100 g. d'eau, en maintenant la température à 0° C. Ensuite, on ajoute, peu à peu, 200 g. d'acide chlorhydrique refroidi et on abandonne le tout à la lumière diffuse, pendant 5 à 15 jours. Le produit brun est étendu d'eau et neutralisé par le carbonate de soude. On sépare une huile qui vient surnager au dessus du liquide, on filtre celui-ci et on l'agite avec 12 0/0 de son volume d'éther, à cinq reprises différentes. On chasse l'éther par distillation et on distille le résidu sec en s'aidant du vide. Entre 80 et 100°, sous pression de 2 cm. de mercure, on recueille en l'aldol environ 1/4 du poids de l'aldéhyde mise en œuvre.

REVUE DE CHIMIE INDUSTRIELLE
REVUE
DES PRODUITS CHIMIQUES, COULEURS, TEINTURE, MÉTALLURGIE, DISTILLERIE, PYROTECHNIE
ENGRAIS, COMESTIBLES, ANALYSES INDUSTRIELLES, ÉLECTROCHIMIE

Réunie avec la

Revue de Physique et de Chimie et de leurs applications industrielles
Fondée par **MM. SCHUTZENBERGER** et **LAUTH**

Comité de rédaction : MM. Chercheffsky, Coffignier et Halphen
Ingénieurs-chimistes, E. P. et C.

Les années 1890 à 1903 forment **14** *beaux vol. in-4°*

Prix de chaque vol. : **15** francs

PRIX DES ABONNEMENTS (du 1ᵉʳ Janvier de chaque année)

France. . . . . **12** fr. | Étranger. . . . . **15** fr.

Spécimen gratuit à toute personne qui en fait la demande

La faveur toujours croissante avec laquelle le public industriel et savant a accueilli cette publication nous prouve hautement son utilité.

Nous continuerons à tenir nos lecteurs au courant des découvertes, améliorations, méthodes et appareils nouveaux qui viennent chaque jour enrichir le domaine déjà si vaste de l'industrie chimique.

Notre revue reste une tribune ouverte à toutes les observations sérieuses qui peuvent intéresser le public industriel; en faisant appel au zèle et à la sympathie des savants, des ingénieurs et des industriels, nous espérons atteindre plus complètement le but que nous nous sommes proposé et faire œuvre vraiment utile au point de vue des intérêts de l'industrie chimique.

Sommaires de quelques numéros de la Revue

Note sur l'huile d'élaeococca, ses propriétés, ses emplois. — **Falsification des huiles comestibles.** Nouveau procédé du dosage de l'huile d'arachide dans les mélanges d'huile. — **L'essence grasse de térébenthine** au point de vue industriel. — **Les applications de la chimie industrielle à l'art militaire.** Torpilles aériennes. — **Fabrication du papier en Amérique.** Le traitement au sulfite. Procédé à la soude. Récupération de la soude. — **Teinture.** Emploi des teintes alizarines sur le cuir chromaté. — **Teinture des tissus.** — **Revue technologique française.** La liquéfaction de l'hydrogène et de l'hélium. Procédé nouveau pour la fabrication de la céruse. Blanchiment du coton en 4 heures. — **Revue technologique étrangère :** Action du sodium sur l'aldéhyde. Réduction du sulfate de zinc. Emploi de l'acide fluorhydrique pour le traitement des borates naturels. Le coton mercerisé comme succédané de la soie, etc. — **Brevets d'invention.**

Purification des eaux potables, par P. Guichard. — **Procédé de concentration de l'acide sulfurique.** — **Blanchiment par les corps suroxygénés.** II. Ozone. Fabrication de l'ozone par les procédés Berthelot et Villon, solubilité de l'ozone dans l'eau. — **Fabrication des savons de résine.** — **Les applications de la chimie industrielle à l'art militaire.** L'électricité comme force motrice des navires de guerre. La transformation du fulmicoton en poudre sans fumée. Les obus à dynamite. Les projectiles en aluminium. La toxpire. La détonation des explosifs brisants par les ondes du genre Hertz. Le laiton des cartouches américaines. — **La fermentation sans levure.** — **Revue technologique étrangère.** Méthode rapide pour la détermination du sel dans les graisses. La métallurgie du nickel, etc., etc. — **Brevets d'invention.**

BULLETIN DE SOUSCRIPTION

Veuillez m'envoyer les ouvrages indiqués ci-dessous :

....

....

....

Ci inclus, pour solde, un mandat postal de

....

Nom ....

Qualité ....

Rue ....

Ville ....

SIGNATURE LISIBLE :

Avis important. — Tous les ouvrages sont expédiés *franco* lorsque le montant est joint à la demande ; dans le cas contraire, l'envoi est fait contre remboursement aux frais du destinataire.

3-04 876. — Paris, Typ. Morris Père et Fils, rue Amelot.

9 782019 479213